画说坦克战

名家经典·兵器交锋系列

2

徐焰 著

SPM
南方出版传媒
广东经济出版社
—广州—

表现坦克发展史的画面。

序——“陆战之王”百年称雄

古希腊历史上的斯巴达重步兵交战的画面，交战双方都以矛攻击、以盾防护。

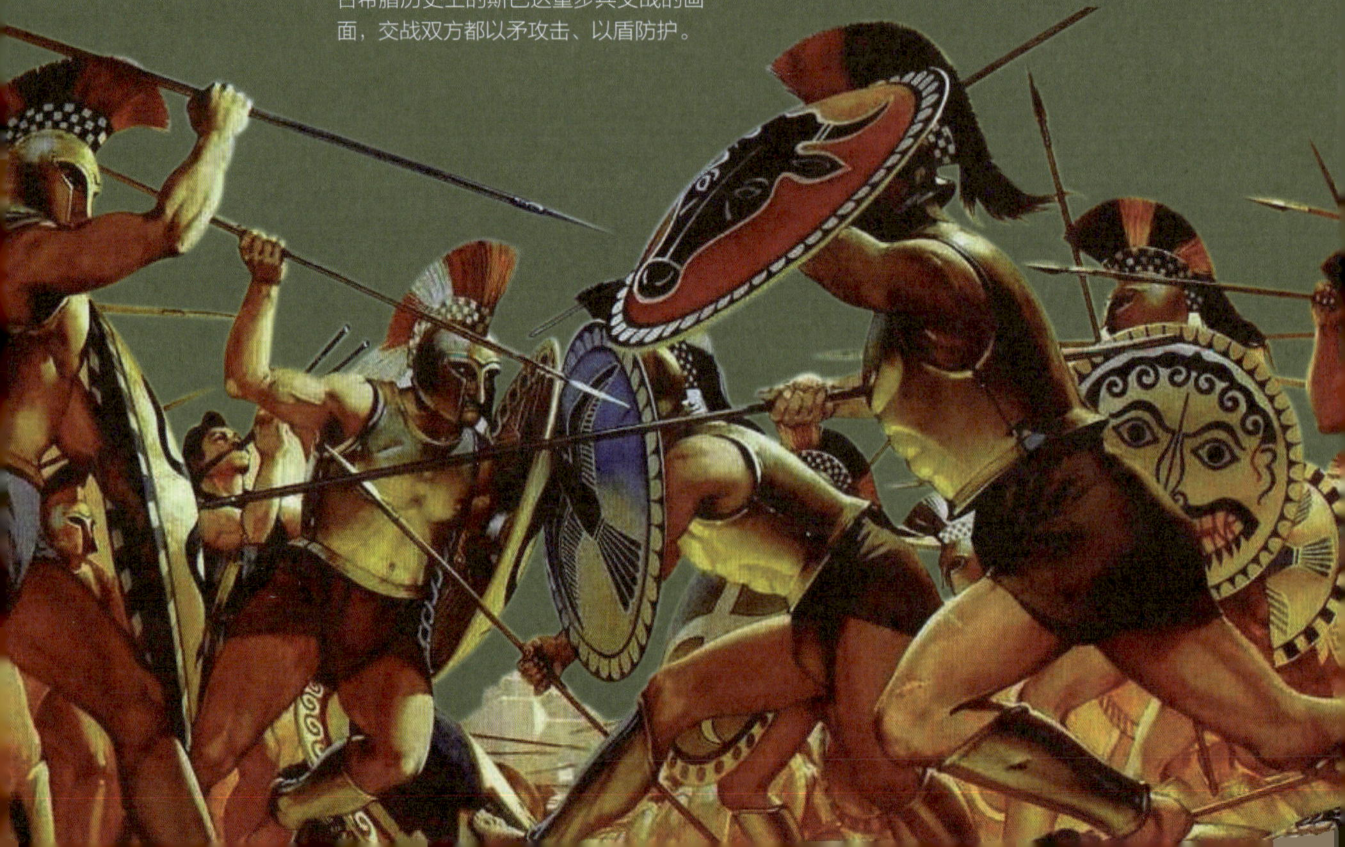

1916年英国坦克首次在法国索姆河战场登场参战的画面。

1916年9月15日，一种被英文称为“水柜”(Tank)、汉语音译为“坦克”的钢铁怪物首次出现在第一次世界大战的法国战场上，从此其称雄于陆地，至今已逾100年。今天，在世界各地的热点冲突地带，仍然可以经常看到坦克这一“陆战之王”，在世界众多军迷心目中，这种“钢铁巨兽”还是头号“宠物”。

进攻需要防护，两者结合诞生坦克

坦克是怎样问世的呢？为什么它问世后就在陆地上成为百年不可动摇的王者呢？原因就是它既适合进攻，又有强固的自我防御能力。

世界上任何一种武器的出现，都是由于战争需求。人类进行军事斗争，从古到今都有攻、防两方面，因此武器也就有“矛”和“盾”两种。

毛泽东在《论持久战》中曾总结说：“古代战争，用矛用盾：矛是进攻的，为了消灭敌人；盾是防御的，为了保存自己。直到今天的武器，还是这二者的继续。轰炸机、机关枪、远射程炮、毒气，是矛的发展；防空掩蔽部、钢盔、水泥工事、防毒面具，是盾的发展。坦克，是矛盾二者结合为一的新式武器。”

达·芬奇设想建造一种既有装甲，又装配枪炮的车辆，图为后人根据他的手稿图制作的原始坦克模型。

这一总结是精辟的。古代武士把攻、防结合，他们手中的刀矛用于攻击，身上的盔甲和所携带的盾牌用来防身。只是那时没有机械动力，身强力壮的武将穿上重甲就跑不动，即使骑马也会因身体笨重而不能灵活地挥舞兵器。若是不穿盔甲，活动虽然方便，却容易被对方的箭、石等兵器所伤害，这真是几千年的冷兵器交锋都解决不了的矛盾。

16世纪初欧洲文艺复兴的天才画家达·芬奇设想过建造一种既有装甲，又装配枪炮的车辆，有人认为这是“坦克的最早设想”。不过，那时还没有发动机，这种车辆造出来也开不动。

人类的科技进步是改变战争面貌的基础。火炮和蒸汽机的出现，使海上有了铁甲舰，陆上有了靠铁路行驶的装甲列车。轻便和高功率的内燃机问世，再同履带、轻便火炮和装甲相结合，坦克就此问世，其爬坡、越野能力远胜火车、汽车。

作者徐焰在比利时历史博物馆内的英国最早的坦克面前留影。

新武器的问世，往往能改变战争形态。冷兵器时代陆上最强大的突击力量是骑兵，其优点是机动性强，那时全军骑兵化就相当于后来的全军机械化。为什么成吉思汗能纵横欧亚大陆无敌手呢？就是因为他拥有一支世界上最强的铁骑。进入热兵器时代后，武器的火力强弱和机动性能又决定着军队的突击能力。坦克这一兵器面世后，人类就有了集火力、防护力和机动力三位一体的利器，战争的进程也随之改写。

回顾战史既要看宏观，也要看微观，细节表现了历史深奥的哲理。坦克是英国人发明的，而英国人在近代战争史上是公认的“海上霸主”，其并不太擅长陆战。从18世纪至20世纪前期，世界公认的陆军强国是法国、德国。若论起机械工业，20世纪初最强的国家是美国和德国。为什么是英国人首先发明并运用了坦克呢？

这种创新思维的出现，其实并非偶然。海战最强调的是机动性，擅长海战的人在打陆战时，更容易萌发奇想，现在强调的培养“跨学科人才”也是这个道理。

再联想一下，汽车不是赶马车的人发明的，飞机也不是制造火车的人发明的，习惯往往是一种历史包袱，在武器的发明中也常常如此。

坦克同飞机和车辆牵引的火炮相结合，宣告陆战进入了机械化时代。机械化部队不是靠腿运动，而是靠履带、内燃机的车轮运动，坦克和装甲车还有钢铁防护力，同徒步或

这幅油画显示了第一次世界大战时坦克和飞机的加入改变了战场面貌。

骡马化军队相比，就具有装备水平方面的绝对优势。

第二次世界大战期间，坦克的平均时速可达25～30公里，后来超过60公里，车上还配有强大火炮和强固装甲。而步兵部队平均时速不过5公里，靠骡马运载的炮同样跑不快，自身还没有防护能力。这样两支部队相较量，就不是一个等量级了！

当然，装备落后的军队在一定条件下也能对抗装甲部队，或靠分散游击，或利用特殊地形或工事，以持久战消耗对手，当年中国和越南的游击队就是这方面的典范。不过，现代交战者要想快速、高效地取得陆战胜利，装甲部队通常还是不可少的。

坦克是“矛”和“盾”的结合，两者相互较量时又使各自的性能不断提升。坦克问世时，装甲不过10～13毫米，只要能抵挡住机枪和迫击炮就显得坚不可摧。随着反坦克枪、反坦克炮问世，至20世纪30年代坦克的装甲厚度就大多发展到30～50毫米。可是，“道高一尺，魔高一丈”，反坦克炮的穿甲能力很快又超过这一装甲厚度。1943—1944年德国的“虎”式坦克和“虎王”坦克的正面装甲厚度达到130～150毫米，对手的反坦克炮打不穿，只好从空中攻击其顶部，或者以炮火攻击其侧后薄装甲。

坦克装甲太厚又造成一个问题，那就是车体太重，过不了桥，越野能力差。进入20世纪70年代，英国人发明复合装甲，以色列人首先采用外挂式反应装甲，这使新型坦克在不增加重量的情况下能让防护力增强3倍。不过“矛”的攻击力也在提升，超速脱壳穿甲弹、串联式反坦克导弹等相继问世，大大提升了坦克的攻击力。

在1991年海湾战争中，美军的M1A1坦克能轻易击穿伊拉克的T-72坦克和“六九”

1944年德国出产的“虎王”坦克，是第二次世界大战时参战的装甲最厚的坦克，前装甲达150毫米。

图中为海湾战争中以穿甲和防护能力强闻名的美军M1A1主战坦克，它的前面罩加强了破障和扫雷铲。

式坦克，而对手的坦克炮却难以打透其装甲，随后美军就吹擂自己的装甲和火炮全球无敌。其实，世界上没有打不穿的装甲，也没有穿透力无限的坦克炮，两者你来我往，相互攀升。只要坦克存在一天，穿甲同防护的较量就会持续一天，“矛”与“盾”就会一直斗下去。

陆战坦克称王，在两次世界大战中扮演主角

坦克诞生于第一次世界大战，鼎盛期是第二次世界大战。第一次世界大战时坦克总产量不足1万辆，第二次世界大战的参战各国却生产了27万辆坦克。例如，在库尔斯克大会战中，苏德双方共投入近1万辆坦克交锋。在那场决定人类命运的大决战中，哪国拥有的坦克多、质量好，哪国就能在陆上称雄。毫不夸张地讲，第二次世界大战结束时的欧洲疆域很大程度上是由苏联T-34坦克的履带划定的。

发明武器的人，不一定能真正懂得它的意义。坦克是干什么的？发明这一创新武器的人并没有看得很清楚。英国在第一次世界

苏联人所绘的库尔斯克会战全景画（局部）生动展现了双方坦克部队激战的场面

大战的西线战场上首次使用了坦克，接着法国、德国也制造和使用了这种“钢铁巨兽”，不过这时它们对坦克的定位只是支援步兵的活动火力点。

靠着堑壕消耗战拖垮德国取得胜利的英国、法国，在第一次世界大战后的20年间仍据守这一观念，倒是在僵化的“堑壕战”中吃了亏的德国人有了创新思维，古德里安这个希特勒宠爱的将领最早提出了以集群坦克进行高速突击的理念。

换句通俗的话说，过去以步兵打仗好比层层剥皮，有了坦克就可直插敌人腹心。这一新理念催生了“闪电战”，使纳粹德军一度横扫西欧。

有着草原哥萨克基因的苏联人，对坦克的认识也要高于英、法、美，苏联第一批五元帅之一的图哈切夫斯基就设想将坦克突击当成大纵深机械化作战的中坚。1937年图哈切夫斯基在“大清洗”中遇害，斯大林欣赏的第1骑兵军的伏罗希洛夫元帅、布琼尼元帅虽然习惯于一边高喊“乌拉”一边挥舞马刀冲锋，但对坦克的兴趣也很大，在1940年以前的10年间苏联生产坦克近3万辆，超过其他国家坦克的总和。不过，这些缺乏工业化思维的元帅们心目中的坦克，就是披着装甲的战马。

苏联早期的坦克部队缺乏装甲机械化步兵伴随，战车间的联络没有无线电台而是靠旗语，甚至由头车带领后面的战车蜂拥跟进（这完全是骑兵作战的翻版），协同作战能力很差。卫国战争开始时苏军有2万辆坦克，多数是过时的T-26坦克，不过少数KV和T-34坦克质量已属当时最佳水平。然而，面对只有3000辆坦克的德军装甲兵和机械化步兵的协同攻击，再加上空中突击的打击，苏军庞大的坦克部队一败涂地。这一教训说

表现1940年5月德军坦克突破法国马恩河的画面。纳粹铁蹄就此横扫西欧。

苏联卫国战争初期的宣传画，表现工人制造出大量飞机、坦克。战时苏联的坦克产量高达10.8万辆。

表现德军以缴获的捷克制LT-38轻型坦克攻击苏联的绘画,右边是被击毁的苏军T-34坦克。

明，配好“坐骑”虽重要，但学好驾驭更重要。

有两个大洋作为安全屏障的美国人，起初并不重视发展坦克，参加第二次世界大战时全军还只有几百辆轻型坦克。然而，有着海洋移民基因和牛仔特点的美国人历来对武器发展有着高度敏感性，看到欧洲大陆上的坦克后，他们马上开动生产线制造出5万辆“谢尔曼”中型坦克，随后所生产的M-26坦克的性能也跻身世界前列。不过，美军打赢战争主要还是靠海空优势。

坦克成为突击主力改变了第二次世界大战陆战的面貌。对比两次世界大战，第一次世界大战是以“静止战”为主，第二次世界大战却是以“流动战”为主。

为什么会有这种变化呢？主要有两个原因：一是坦克性能改善并大量装备，成为突击铁拳；二是无线电通信机普及，装配到坦克排指挥车或单车上。

第一次世界大战期间，双方士兵主要待在僵持的战壕中，进攻主要靠徒步（当时坦克的行驶速度也与步行差不多），一线指挥要靠有线电话或旗语，即使突破了对方防线也难以快速向纵深推进，最后只能熬垮对手，沙皇俄国、德国都是因无力消耗，引发国内危机而垮台的。第二次世界大战的陆战中，往往是大量坦克、装甲车在原野上驰骋，它们之间靠无线电通信机联络，能及时传达命令并相互协调。想挡住这样高速机动进攻的装甲机械化大军，靠两条腿奔走的步兵难以办到，只能以同样的装甲部队对付（空中打击也有很大作用），于是人们又得出一个观点——最好的反坦克武器就是坦克。

坦克战的基础是装甲车辆的生产能力，国家机械工业的实力决定了坦克的产量和质量。第二次世界大战中的四大坦克生产国美国、苏联、英国和德国，都是当时的世界工业大国。东方唯一实现了工业化的国家是日本，那时它的技术水平还落后于美国和英国，但其轻型坦克却能欺负缺少坦克和反坦克能力的中国军队。当年中国陆地上的桥梁、道路质量较差，日本展开进攻主要靠步兵，中方的抗日战争的进程也主要由步兵来决定。

若回顾反法西斯战争，西方战场可谓工业化时代的交锋，而东方战场特别是中国战场还保持着诸多农业化社会的特征。抗战胜利时，看到苏军5000多辆坦克和10多万辆汽车组成的机械化大军能迅速横扫日本关东军，中国人自叹不如。“落后就要挨打”，古老的中国要改变在陆战中的被动局面，就要发展强大的装甲部队，不过，这只有在中华人民共和国成立后打好工业基础才能实现。

表现美国“谢尔曼”坦克（右）在航空兵不间断轰炸下摧毁德国装甲部队的油画。

坦克远未过时，发展要追新潮

1945年8月美国在日本广岛、长崎投下的原子弹，宣告人类战争开始进入核时代。此后国际上有一种“核武器决定论”，认为传统的陆军包括装甲部队都不重要。不过第二次世界大战后“核阴云”虽密布，实战中却从未用过核弹，坦克在众多的局部战争中还是扮演着重要角色。

朝鲜战争、越南战争期间，美军都投入了数以千计的坦克，却因对手顽强抵抗和受到复杂地形限制而未取胜。在中东广阔的沙漠和旷野上，坦克战倒是决定了交战各方的结局。

战后各大国通过众多核试验得出了一点认识，那就是在核爆炸的条件下，坦克对光辐射、冲击波和放射性污染的防护力远比步兵强。例如一枚10万吨爆炸当量的核弹爆炸后，对地面步兵的杀伤半径可达10公里以上，但摧毁地面坦克的半径却只有2~3公里。从准备核大战和常规大战的双重目标出发，冷战时各大强国仍大力发展坦克，相继推出三

图为越南战争中美军发动攻势的场面：头顶有直升机掩护，并以坦克开路。不过，强大的火力往往找不到射击目标。

核试验场上被冲击波掀掉炮塔的坦克的照片。不过，相对其他地面部队而言，坦克部队在核打击下的生存能力还算比较高。

代车型，每一代的产量都数以万计。20世纪50—80年代，头号坦克大国苏联每年平均产量就达3000多辆（其中1/3出口）。

中华人民共和国成立后，在“一穷二白”的基础上开始建设工业，起初还得到了苏联的帮助。1959年包头的坦克厂推出了国产第一批坦克即“五九”式，结束了坦克全靠进口的历史，解放军此后完全装备国产坦克，其数量在20世纪70年代以后仅次于美苏而居世界第三位，展现出中国国防工业的进步。

第二次世界大战后的第一代坦克的主要代表是20世纪50年代推出的苏制T-54（中国的仿制型为“五九”式）和T-55，美制M-47及M-48；第二代坦克以20世纪60年代推出的苏制T-62和美制M-60为代表；第三代坦克的代表则是20世纪70年代后期至80年代服役的苏制T-72、T-80和美制M-1，德制豹-2，英制“挑战者”以及20世纪90年代初服役的法制“勒克莱尔”等。

作者徐焰在中国最早生产的“五九”式坦克（仿苏联20世纪50年代所产的T-54坦克）前留影。

中国在1999年国庆天安门阅兵上首次亮相的“九九”式坦克也属于第三代主战坦克，性能已跻身国际先进水平。

冷战结束前的20世纪80年代末，世界坦克总量达到16万辆，陆军实力往往以坦克多少来称量。随着世界进入信息化时代，战争已经不是单纯的平面较量，电子信息装备主导战场，制空权又能压制地面上的装甲车辆。1991年海湾战争中伊拉克4000多辆坦克不堪一击的战况，显示出空中打击将决定地面战的结果，坦克的作用一时又被某些人大大贬低。

1991年苏联解体宣布冷战彻底结束后，高技术局部战争成为世界战争舞台上的主角，第二次世界大战中那种大规模的坦克战已成过眼云烟。各大国纷纷大幅裁减坦克数量，节省出经费用于发展空、天信息化装备。如俄罗斯曾继承苏联留下的5万多辆坦克，但经过20多年裁减，其军队只保留了2700辆。美军的坦克在冷战结束时有1万余辆，20年后也减至2500辆。

坦克在今后的战争中会丧失作用吗？纵观当代世界军事舞台的现状和未来发展趋势，“陆战之王”仍然非它莫属，只是它会更紧密地同空、天力量配合形成一体化作战。未来陆战的规模会缩小，自然不需要保持那样多的坦克。不过，只要地面交锋存在，军队

海湾战争中美军M1A1坦克（左）击毁伊拉克坦克的画面，伊军面对美军的打击的确不堪一击。

2015年5月9日俄罗斯胜利日阅兵时，俄罗斯最新的T-14无人炮塔坦克出现在红场。

就会需要这种集攻防于一体的利器，“坦克过时论”可以休矣！

看一下2003年发生的伊拉克战争，坦克仍是美军地面突击的主角。在以色列同巴勒斯坦的持续斗争中，坦克还充当了地面的活动堡垒。俄罗斯在同车臣等非法武装战斗时，坦克装甲部队也起到决定性作用。正因为如此，2015年在红场进行纪念反法西斯战争胜利70周年的阅兵时，俄罗斯新一代T-14无人炮塔坦克也登场受阅，显示出未来坦克发展的一个新趋势。

从今后相当长一段时间的国际军事斗争形势来看，坦克仍会是陆地斗争中的利器，各大国都不会将其取消，不过发展重点会有些变化。冷战结束后地区性冲突并未减少，各大国反恐和对付骚乱的任务比过去还多。在这些冲突中，坦克仍不可或缺，不过吨位太大的型号日益不适用，新的中型、轻型坦克成了投入重点，有的国家还在研究无人驾驶坦克。

今后的坦克会是什么样子？将扮演什么角色？大家拭目以待吧！

坦克这个陆战中的王者，过去有过百年辉煌，今后肯定还将再显身手。关心国防和愿意了解军事知识的人有必要了解坦克，本书正是想为这些读者服务。

志
20

目录

画说
坦克战

第 壹 章

坦克诞生后称雄陆战场

世人公认的“陆战之王”坦克是谁发明的呢？按首先制成、使用这种钢铁战车的英国军方记载，坦克是由皇家陆军工程师斯温顿中校在1915年设计、1916年生产出来并投入使用的。对此说法，澳大利亚和俄国的一些人却提出异议，认为在此之前其国内就有人设计出坦克。

中国学生都熟悉英国科学家牛顿的那句名言：“如果我看得更远一点的话，是因为我站在巨人的肩膀上。”一种复杂的科技发明往往汇集了不少人的研究成果，坦克也一样。靠着人类丰富的战争实践和科技进步的成果积累，在陆上驰骋的钢铁战车才能够问世；靠着实战经验和众多科研人员的不断改进，坦克才发展出数以百计的型号。

坦克是什么武器？
为何它的发明走过了几百年的发展历程？

坦克作为一种攻防兼备的武器，是火力（火炮、机枪和现代的车载导弹）、装甲防护力和履带的机动性“三结合”的产品。

坦克首先是一种装甲车辆，但它与带轮子的装甲车不同，它是靠履带前进的。车辆的轮子容易陷入沟里（现代的六轮、八轮驱动车会好一些），过坎也困难，坦克履带却能跨过2米左右宽的壕沟，冲上近1米高的土坎。

坦克又是一种炮车，并有装甲全面防护。普通的炮往往只有前面的防盾。第二次世界大战后有些火炮也被安装在坦克底盘上，称为“自行火炮”（也称“强击炮”“突击炮”），不过它们一般没有炮塔不能转动，难以在战场上迅速转向射击。坦克却具备炮塔（刚发明时的坦克还没有，第二次世界大战后瑞典也制造过一种无炮塔的S型坦克），开动时能转动枪、炮向四面八方射击。

火力、装甲和机动力三者具备，才是坦克出现的物质基础，这些因素只有在工业化时代特别是机械制造业、冶金业发达后才能具备。

发明坦克的灵感，来自人类打仗时既要攻击对手，又要保护自己的需求。4000多年前的古代埃及和它对手亚述的军队里，马拉战车就披挂上铠甲作为防御，又用弓箭、标枪实施攻击。冷兵器时代没有机械动力，靠人的体能和畜力驱动的原始战车攻防力都很有限，但却体现了人们追求攻防兼备的武器的最早萌动。

有人将人类最早的坦克设计归功于意大利艺术家达·芬奇，这是根据他的设想制造出的战车模型，车上有装甲和枪炮，却没有解决动力。

人类历史上最早的汽车，它由法国工程师尼古拉·居纽发明，前方装置是蒸汽机锅炉，因不实用没有投入生产。

14世纪以后，中国人发明的火药传到欧洲，从而制造出了枪炮，冶金业的发展也使人们可以制造出更好的护甲。有了这种物质基础，15—16世纪欧洲文艺复兴时期天才的科学家、发明家和画家——出生于意大利佛罗伦萨的达·芬奇就萌发了制造装配枪炮的装甲车的构想。他在自己的手稿当中首次描绘了一台圆锥体的装甲车，并这样描绘其作为："它可以依靠自己的火炮进入紧紧靠拢的敌人范围，并且没有任何一队士兵可以突破它，安全而无懈可击。步兵可以紧随其后快速前进而不受伤害。"

这是多么有预言性的想法！按照现代人的解读，这是最早的关于坦克的概念表述。意大利米兰的公爵对达·芬奇很欣赏，任命他为自己的领地的工程师。达·芬奇展开想象，告诉公爵按自己的图纸制造几百辆带着火炮的战车，就可以天下无敌。这又是最早的坦克集群攻击设想。

可惜的是，武器制造要有物质条件。达·芬奇生活在农业和手工业时代，虽然当时已有原始枪、炮，但战场上的机动力量只能是骡马，靠它的畜力怎能在铁壳内驱动装着枪、炮的装甲战车呢?

18世纪80年代发明了蒸汽机，19世纪初发明了火车。法国陆军工程师尼古拉·居纽随之也造出使用蒸汽机的最早的军用汽车。他造的样车可搭载4名士兵或牵引3吨重的火炮，但车头的锅炉每15分钟就要重新点火，车上装的煤一会儿就烧光，行驶不了几公里。事实证明，蒸汽机使用煤炭这种燃烧值相对较低的燃料，只能充当火车的机车头，无法用它造出可用的汽车。

1886年，德国人戴姆勒和本茨几乎同时制造出由内燃机驱动、用汽油作为燃料的机动车，两人被公认为"汽车之父"。内燃机和汽车的出现，可谓"给世界装上车轮"，也为战争进入机械化时代提供了动力。

汽车为机枪和火炮提供了平台。1899年，英国人西姆斯将"马克沁"机枪装到四轮机动车上，并加上防盾，制成了最初的机动火力车，只是没加装甲不能将其叫作"装甲车"。1902年西姆斯推出一种具有船型装甲壳体的战斗机动车，其成为世界上装甲车的先驱。

装甲车将内燃机技术，装甲技术和枪、炮技术结合到一起，成为一种具有相当大的威力的武器系统，也可称为发明坦克的前奏。

虽然发明了靠轮子行驶的装甲车，但各国的军队却装备不多，因为它难以爬坡、越沟和过坎，不适合在野外作战，只有履带式拖拉机才能胜任越野。

1889年，美国芝加哥的查达发动机公司制造出了世界上第一台使用汽油内燃

1902年，在德制戴姆勒汽车的底盘上，英国人西姆斯为其安装了机枪，这辆汽车装甲厚度不到人的一指宽，动力由一个四缸16马力发动机提供，这些可以使其搭载4名乘员，以每小时16公里的速度行驶。

机的农用拖拉机。这种履带车的越野能力远高于汽车，若再给它加上装甲和枪炮，不就成了机动力更强的战车吗？

1911年，作为英国海外自治领的澳大利亚的一位名叫莫尔的工程师萌发了上述想法，设计出一种履带式装甲战车。1912年莫尔带着这一发明来到英国，向陆军推荐“能够行走的履带机器”。但英国陆军部官员对这一“怪物”却持怀疑态度，提出能否先制造出一个样品。

一个没有工厂设备，也没有多少钱的工程师，再加上得不到赞助，怎能造出履带武装甲战车样品呢？但此举却开启了人们的思路，后来有人认为最早设计坦克的斯温顿有可能就是受到莫尔的启发。

1914年8月，德国和奥匈帝国同英国、法国、俄国因争夺世界霸权开战，德军迅速攻入比利时和法国，逼近巴黎。这时各国陆军主要靠徒步行动，汽车很少，铁路被破坏又导致德军供应不济，结果法军和英国远征军在调兵方便的内地挡住了对方的进攻。

双方都挖掘战壕，转入僵持阶段后，英国军界的一些人才开始重视“履带车＋装甲＋枪炮”的建议，坦克就此诞生。至于工程师斯温顿个人在坦克发明过程中的贡献，研究科技史的人并不重视。百年来，世人普遍知道是美国的莱特兄弟发明了飞机，可有多少人知道坦克是谁发明的呢？

居然是海军研制出了坦克，刚开始还区别“雄性”“雌性”

1914年10月，在英国陆军远征部队服役的一位工程师斯温顿中校提出，需要制造一种能够在遍布带刺铁丝网障碍的战场上开辟道路，翻越壕沟，并能摧毁和压制机枪火力的履带装甲车来打破前线的僵局。据说斯温顿的灵感源自一位朋友的来信。他这位朋友在来信中把美国所产的“霍尔特”农用拖拉机描述为“能够像魔鬼一样爬行的机器”，斯温顿由此建议制造一种装有大炮和机枪的重型履带式拖拉机。

这一建议被提交到英国战争办公室后，有保守传统的陆军反应迟钝，但英国海军大臣温斯顿·丘吉尔（即第二次世界大战时的英国首相）及其同僚对此倒很感兴趣。强调战舰在洋面上机动作战的英国海军，此时将这个观念搬到陆上。1915年，海军部接受了斯温顿中校的新武器设计方案，秘密资助建立了陆地战舰委员会，最早的坦克也被称为“陆上巡洋舰”。

英国陆军部很快得知此事，也赞成研制。由于最早的履带战车外形酷似水柜，因此其英文单词是Tank，音译过来就是“坦克”。

1915年初，原来生产汽车的英国威廉·福特公司专门开辟了一个生产车间，在美国福特公司生产的农用拖拉机的底盘四周再用锅炉轧钢板围起来，上面再安装武器。

经过大半年的努力，1915年9月间，一辆浑身布满铆钉，拖着一对大铁轮，长得跟拖拉机极其相似的“钢铁怪物”出现在生产车间里，这就是世界上第一辆坦克的原型“小威利”（Little Willie），意译过来的名称为“小游民”。

“小游民”重18.3吨，车长5.45米，装配六缸水冷汽油发动机。该车最大的缺陷是动力不足，最大时速不过3.2公里，爬坡和跨越能力很差。因军方不满意，威廉·福特公司便在“小游民”样车的基

1914年10月，在英国远征部队服役的斯温顿中校。

1915年英国研制的“小游民”坦克（左为绘画，右为照片），这只是一个试验型。

础上，接着研制动力更强劲的坦克“大游民”（Big Willie），其定型后来被称作“Ⅰ型坦克”。

为了让Ⅰ型坦克具备通过各种障碍物（如堑壕、残垣、断墙等）的越野能力，研制者特意将坦克车体设计成平行四边形，采用过顶式锻钢履带，使整个车身都被履带所环绕。后来的坦克研制者也认为这种怪异的车型不易安装炮塔，履带也容易损坏，因此就不再采用这种设计。

英国海军在海战时习惯将各种舰型搭配作战，如大型战列舰要有轻型驱逐舰在周边掩护，最早的坦克设计也受这一思路影响。“大游民”坦克在设计时就分为两种型号：一种是安装火炮，用来对抗堡垒等坚固工事，称为“雄性”；一种是只安装机枪，用来对付步兵，称为“雌性”。这两种坦克在远处看外形相似，但从近处能看出外露的是枪还是炮，就此分出“雄性”“雌性”。

“雌性”坦克因只装5挺机枪，威力很有限，因此英国军方很快就将其淘汰，只生产“雄性”。不过，坦克型号搭配的观念在英国军队中延续了很久，第二次世界大战中还分别研制出步兵坦克和巡洋坦克——前者主要用于支援步兵作战，强调火力和防护力；后者主要用于纵深穿插作战，注重灵活。那场大战证明，战场的环境复杂多变，坦克上阵后可能会突然遭遇不同对手，因此采取全能型坦克作战比较适宜。

“大游民”中的“雄性”坦克问世时全重为28吨，装有2门57毫米火炮和4挺机枪，前部主装甲厚10毫米，两侧装甲厚8毫米，最大公路行程为40公里，最高时速为5.5公里，车内配备8名乘员。从速度上看，它同人快步行走差不多，车上的火炮可以摧毁德军一般的地堡。已卸任英

1916年英国最早投入战场的“雄性”坦克的剖面透视图。

国海军大臣的丘吉尔看到“大游民”坦克的样车后，马上兴奋地说：“用这家伙，我们可以打赢这场战争了！”

其实，任何一种复杂的新武器刚研制出来的时候，很多技术还不成熟。“大游民”坦克是一个非常难以驾驶的“怪物”。它的车内没有通风、排烟、隔热、隔音装置，没有弹簧悬挂减震系统，也没有电台可相互联络。

这是英国的“雌性”坦克，其两侧的主要武器是机枪。

第一次世界大战时英军坦克因没有电台，接收命令主要靠传令兵或通讯员送信。

这是英军士兵由坦克掩护进攻的画面。第一次世界大战后期英法部队进攻几乎离不开坦克。

这种坦克开动起来后，一遇到沟坎车内就会剧烈颠簸，乘员们下车时都会感到骨头散架。车上没有电台和车内通话器，震耳欲聋的噪声使得乘员要靠手势来指挥机械手操纵转向。车内温度高，没有排烟装置，对外开火时会搞得烟雾刺鼻，坦克兵会被熏得像黑炭头一般。这样恶劣的操作条件，决定了坦克不能在较差的地形上长时间行动，行驶一会儿就要停下来开门通气，当时当坦克乘员真是活受罪。

第一批坦克出厂时，机械故障非常多，乘员又缺少专业训练。一些英国技术专家要求继续改进车辆并培训乘员，不过1916年7月英法联军向德军在西线的索姆河阵地发起进攻后，出现过步兵遭德军机枪火力扫射一天死伤6万人的惨况。英军司令气急败坏之下，迫不及待地下令将坦克投入战场。

英国坦克登场后，各强国马上追随其后

1916年9月15日是世界战争武器发展史上一个重要的日子，这天坦克正式登上战场。英国的Ⅰ型坦克作为现代坦克的鼻祖，尽管存在着诸多技术问题，但它的出现却标志着一种跨时代的武器的诞生，敌方的堑壕、机枪火力点已不再是难以逾越的障碍，地面战争就此进入机械化时代。

这一天，索姆河阵地上的英军和德军双方陷入战壕对峙而打得疲惫不堪，突然英军阵地上传来发动机巨响，随后一批人们从未见过的“钢铁巨兽”喷着机枪的火舌朝敌人冲了过去。德军用机枪向它们射击，但却打不穿装甲，一时间德军吓得惊慌失措，居然放弃了战壕向后逃去。

第一次世界大战开始后不久，交战双方就转入战壕对峙。这是描绘德军堑壕战的画面，打破这种僵持局面的愿望催生了坦克。

法国生产的第一种坦克——“圣夏蒙”坦克 于1917年参战的画面。

英国坦克首次突击便取得了意想不到的战果，攻占了一个村庄并夺取了一条堑壕，还俘虏了300多名愣住了的德军官兵。不过，参战坦克数量少，速度也慢，时速只有6公里，遇到泥沼地就停了下来。

据战后统计，在英军运到前线出发参战的49辆坦克中，只有18辆开到战场，其他的都在途中出了故障。参战坦克中又有几辆在战场上卡住了履带，只有10辆能坚持战斗。当时英军指挥官黑格对这种战车并不满意，他以轻蔑的口气评论说：“它们休想取代战马和骑兵。”

看到坦克首战的成果及其缺陷，英国随之开始研制较轻便的坦克，并要求实现“雌雄合体”，即把枪炮都安装上去，兼顾对付坚固目标和步兵。

在英国秘密研制坦克时，其已向最主要的战时盟友法国通报。从1915年12月起，法

英国将最早的坦克运到法国战场上的画面。

国也开始了坦克研制，开始时其还参考了英国的设计，研制了两种坦克，分别为“圣夏蒙”型和“施耐德”型。前者装备了更强的75毫米口径野战炮，并采用电力推动，性能超过英国坦克。

1917年4月16日，法国首战就出动了约130辆“施耐德”CA1型坦克参加战斗。这种坦克实际上是在美国的农用拖拉机的外面安装了钢壳并装上枪炮，重14吨。它的缺点是功率不足，行动迟缓，首战就有57辆坦克被德军火炮完全击毁。“施耐德”CA1型坦克在战时共生产了400辆，在战场上主要发挥了突破的作用。

法国在战时最满意的坦克，还是雷诺公司设计的FT-17轻型坦克。这种坦克具有现代坦克的雏形，可以说是一次技术革命。法国人在研制坦克时同英国海军的“陆上战舰”思路有所不同，侧重于突出轻便灵活，尤其是认为车体不能笨重，用履带绕全车更容易导致其损坏，还是应模仿汽车的布局，并要加上一个能旋转的炮塔，便于向四面射击。

FT-17轻型坦克是世界上第一种采用手动旋转360度炮塔的坦克，操作简便。1917年3月推出的样车全重7吨（只是英国“大游民”坦克的1/4），车内有2名乘员，最大时速7公里，只装1挺8毫米口径机枪，车体装甲厚6~22毫米。这种坦克还装配了橡胶履带，并有弹性悬挂装置，大大减少了颠簸，乘员的操作条件大为改善。

1916年法国人研制出“施耐德”CA1型坦克，侧面安装75毫米口径野战炮及2挺机枪，重14吨，有6名乘员，最大时速5公里。这是它1917年出现在马恩河战场上的画面。

法国“雷诺”FT－17轻型坦克的剖面图，可看到2名乘员的位置。

法国“雷诺”FT－17轻型坦克发起集群攻击的画面。

法军随后又为“雷诺”FT-17轻型坦克改装了37毫米口径短管火炮，时速可达16公里，最大行程为160公里。战时这种轻型坦克共制造了3187辆，是当时世界上产量最大、越野性能最好且受到外国客户重视的坦克。

最先遭受坦克攻击的德军，曾惊异地向总参谋长兴登堡元帅报告，“遇到了敌人一种可怕的钢铁怪物”。前线紧急采取了对抗措施：部署野战炮直接瞄准射击，步兵则想出了把多枚手榴弹捆在一起做成集束手榴弹投向坦克履带前面的方法，有时其爆炸威力能破坏履带。德国还紧急研制出反坦克枪，即一种大口径的穿透力强的长管枪。长管枪由钨钢这类硬金属制成弹刃，接近90

1918年德国研制的新坦克（上）和反坦克枪（下）。

度角命中时能打穿13毫米的钢板，对付坦克侧甲有一定作用。

德军统帅部还紧急组织力量，为本国研制坦克，并以缴获的英国坦克作为参考。由于仓促上马，德军利用“霍尔特”拖拉机底盘并加上钢板，在1917年10月就开发出一种新型坦克。由于是第7交通处负责研制，因此德军以该部门字母缩写将其命名为“A7V坦克”。其全重达33吨，是当时世界上最重的坦克，车头前面装了一门不可转动的57毫米火炮，能在2000米外击毁各种英军战车。它前部最厚装甲达30毫米，也超过了对手，不过其缺点是机动性差，最高时速仅为15公里，很多桥梁承受不住车体重量。

A7V坦克创下一项世界纪录，那就是车组乘员最少为18人，最多达23人，除车长、驾驶员、炮手、装填手外，机枪手就有12~14

图为美国福特公司生产的“霍尔特”（Holt）拖拉机，英国工程师们以它的动力系统为基础设计坦克。

人，另外还有2名机械师。这种坦克采用箱式结构布局，方方正正的装甲壳体加上众多的武器，就像一个移动的“火力堡垒”。令人感兴趣的是，后来的乘员里面还有信号员和信鸽员，用信鸽进行通信，可谓坦克战场通信的首创。

德国研制坦克起步落后于对手，加上资源不足，战时产量很少。德军也感到A7V坦克过于笨重，开始研究较轻便的LKⅡ坦克。LKⅡ坦克全重仅8.5吨，不过刚造出2辆样车，德国就战败了。

美国在19世纪末期就是世界上最发达的工业国，却因有两个大洋作为屏障，没有准备打陆上大仗。1916年美国准备参加第一次世界大战前，从英国引进了坦克，自产发动机并进口装甲开始仿造。它派出的远征军在1918年春天跨越大洋到达法国时，还使用了法国雷诺公司的FT-17轻型坦克。美国国内坦克还未研制定型，战争就在1918年11月结束了。

坦克充当装甲大炮，相互又展开交锋

坦克问世之初，主要作用是伴随步兵充当装甲大炮，还起不到向纵深高速挺进的作用。它通常不能冲入而只能压入敌方阵地，主要有以下几个原因：

一是速度缓慢，装甲防护力很弱。当时坦克的战场行进时速一般只有6公里左右，有时还赶不上步兵的前进速度，故障率又极高。

二是装甲薄，多数坦克装甲只有10~15毫米，只能防护步枪及机枪子弹和炮弹的中小碎片，小口径炮弹命中后都能将其击穿，加上德国又最早研制出反坦克枪，因此坦克往往不敢冲在步兵前面，只敢跟在其后面作为支援火炮，这就大大减少了突击力。

三是无线电通信手段落后，作战时通信兵必须拎着线拐子跟着坦克到处跑。当坦克停下来时，通信兵将电话直接伸进坦克炮塔里，坦克车长才能接收上级的最新指示。通信手段如此落后，必然造成坦克作战指挥严重不畅，冲入敌后还会中断联系，近乎“如聋似瞎”。

坦克能充当装甲大炮，对步兵的支援就有了巨大进步。过去支援火炮的炮手因没有防护能力，不敢太靠近第一线直接瞄准射击，很难消灭突然发现的敌人火力点。坦克有了装甲，就敢于同步兵一起靠近敌人，发现目标后马上就

1917年11月康布雷战役的画面。英国坦克进攻时得到飞机的掩护，形成了地空协同作战。

能开炮或开枪消灭，尤其是能迅速消灭暴露的暗火力点。英法联军在第一次世界大战后期就感到，步兵进攻已经离不开坦克。

1917年秋冬之交，十月革命后的苏维埃俄国宣布了《和平法令》并退出大战，德军于是能集中兵力到西线。此时英国认为应主动发动一次大攻势挫挫德国的锐气，并选择了法国北部康布雷镇一带。进攻前，英军将坦克隐藏在后面的大森林里，将其涂上伪装色瞒过了德军的侦察。

1917年11月20日，著名的康布雷战役打响。天蒙蒙亮时，英军低飞的飞机不停地在前线上空嗡嗡作响，以掩盖即将出动的坦克的马达声。不久，324辆坦克的发动机同时轰鸣起来，沿着士兵夜间用线带标出的车道冲击。面对前面宽数米的堑壕，早有准备的英军的每辆坦克上都站有士兵，他们将用链条绑紧的长长的柴捆投入堑壕，顷刻间将堑壕填满，坦克随后即越壕冲入敌军阵地。

德军受到出乎意料的坦克袭击，前哨部队溃败，至当天傍晚英军步兵突入阵地6公里，抓到了7500名俘虏。素来以强悍著称的德军

英军在战场上首次使用坦克的画面。

官兵有这么多人被俘，显示出英国坦克攻击的巨大威力。不过，当天英军也有65辆坦克被德军的炮火击毁，114辆坦克抛锚或陷在堑壕里，等于进攻的坦克中有一半坦克不能动弹。随后几天，德军以步兵为主展开反击，夺回了一些被英军攻陷的地方，英国一些拖不走的抛锚坦克成了德国的战利品。

从战略上看，康布雷战役对英军而言并不成功，不过它却是人类历史上第一次大规模使用坦克、飞机协同作战的战役，具有划时代的意义。人类从此真正进入了空中与地面、步兵与装甲兵一体化的机械化战争。

英军在康布雷战役中开了大规模集中使用坦克作战的先河，又为在接下来的战争中实施装甲集群大纵深作战、空地协同快速突击作战等作战样式进行了有益的探索和实践。

英国通过总结康布雷战役使用坦克的经验，在Ⅰ型坦克基础上改进生产了Ⅱ~Ⅴ型坦克，其中所产最多的Ⅳ型坦克约有1200辆。同时，英国还研制了“赛犬”中型坦克、C型中型坦克等。法国则主要生产“雷诺”FT-17轻型坦克，并不断改进性能。

坦克发明之初，它的主要目标是突破敌方的阵地并消灭步兵，没有准备对付敌军的坦克。不过交战双方都有了坦克之后，“钢铁巨兽”碰到一起自然就会交锋。

1918年4月24日，3辆德军的A7V坦克遇到几辆英军的Ⅳ型坦克，交战双方用坦克炮相互射击，进行了人类历史上的首次坦克战。

这一战的战果说法不同，德国人称“A7V坦克在击毁一辆‘雄性’Ⅳ型坦克之后，被另一辆Ⅳ型坦克击伤，但仍能开回去”。英国人称，他们没有坦克被击毁。

对于这次坦克战，双方都缺少准备，车上原来所装的火炮都是短管的，配备的是对付步兵的杀伤弹和破坏工事的爆破弹，特点是一碰上目标就炸成众多碎片，向四面飞散，没有定向钻透的能力。炮弹命中坦克后，待硝烟散去，对手仍然在开动，显然没有打透装甲。

据英国和德国参战的坦克乘员后来的反映，装甲中弹后发生的爆炸使他们感受到强烈震动，一时头晕目眩。不过，只要炮弹没有在乘员身边的装甲上爆炸，还不至于将其震昏。有的炮弹打坏了外露的火炮口，或者震坏了发动机，使坦克丧失了战斗力。

世界上的首次坦克战，战果并不明显。不过，这一仗提醒了参战各国要研制能够装到坦克上的反坦克炮，以及与之配套的穿甲弹。

德军仓促研制出的A7V坦克呈方壳状。

进入1918年之后，德国工业资源日益枯竭，英法因有广大的海外殖民地而能维持军工生产的原料供应。工业产量占全球1/3以上的美国这时又加入了以英国、法国为首的协约国。在坦克的生产和装备方面，英国、法国、美国三国占有绝对优势。1918年夏秋之交，西线的英军拥有2636辆坦克，法军拥有3870辆坦克，美军拥有150辆坦克，德军只拥有45辆坦克。

1918年8月8日，英法联军在亚眠展开总攻，在头顶1000架飞机的掩护下，500辆坦克开道为步兵打开缺口，第一天就向前推进了11公里，击毙及俘虏德军2.8万人，自身伤亡不过1.2万人。德国前线最高指挥鲁登道夫上将称这天是“德军最黑暗的日子”，他马上同兴登堡元帅等人商议停战，经德皇同意后请荷兰出面调解。

图中为1918年4月24日，德军的A7V坦克（右）同英军的Ⅳ型坦克交战的画面。这是人类历史上的第一次坦克交锋。

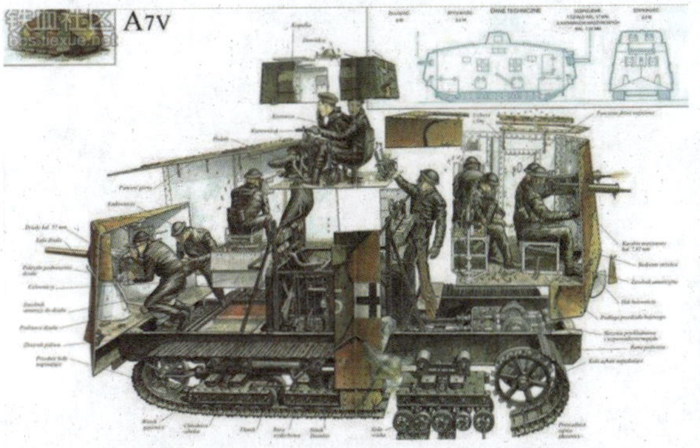

德军的A7V坦克的内部结构剖面图，可看出十几名乘员有复杂的分工。（上图）

图中为1917年10月美军使用英国的Ⅳ型坦克在纽约游行的画面。这是美国参战前向民众进行宣传的活动。（左图）

图中为1918年11月11日，德军代表团（左侧人员）到法军统帅福熙的车厢内签订停战条约的画面。

前线的败退和国内经济危机的爆发，使德国在1918年11月爆发了革命，皇帝威廉二世逃往中立国荷兰。前线德军代表在11月11日到法军统帅福熙的车厢内签订停战条约，即投降。协约国在签约时命令德军立即交出多数重炮、5000挺重机枪和全部远洋舰队，等于剥夺了其作战能力。随后无论胜利者议定的和约多么苛刻，战败者都只能接受。第一次世界大战的胜利者在《凡尔赛条约》中规定德国割地赔款，还不许拥有飞机和坦克。这种惩罚种下了第二次世界大战的种子。

坦克诞生后参加了两年大战，世界各强国通过实战搞清了它到底有什么用——充当突破对方阵地的矛，同时也大致明确了它的发展方向——火力、装甲和机动能力三者并举。此时它在陆军中还没有居于王者之位，但已显示出在陆战中它是最有发展前途的武器。

第贰章

两次世界大战中间的坦克大发展

1918年11月第一次世界大战结束时，下一次世界大战的种子就已经种下。战败的德国想以“铁和血”来复仇，战胜国中的日本、意大利因对分赃结果不满也想以武力再次瓜分世界，而英国、法国又对德国、日本、意大利法西斯力量的崛起采取姑息态度，于是人类在20年后又走向一次世界性战争。

坦克作为陆战“新星”，在20世纪20—30年代成了发达国家陆军建设的重点。苏联坦克从无到有并迅速跃居世界头强，日本战车制造业也建立起来并投入侵华战争，德国则突破限制重建坦克部队，过去世界坦克制造业只有英法“双雄”的局面被“群雄竞争”所打破。

旧中国杂乱无章地外购坦克

第一次世界大战结束时，英国和法国有着最发达的战车制造业，各自积存了几千辆坦克。美国刚刚建立了坦克制造业，就因战争结束而没有了销路。战后各工业国的汽车工业飞速发展，但军队却大幅裁减，英国陆军曾减少到只有2个师，美国陆军也只有不到10万人，坦克严重过剩。英国、法国、美国等在推动坦克外销时，为保存战车生产线还研发了一些新坦克，但都以轻型坦克为主。

最早进入中国的坦克，是以张作霖为首的奉系军阀于1924年从法国购买的36辆“雷诺”FT-17轻型坦克，型号有装备机枪和装备37毫米火炮两种。奉军以此组建了战车队，但零配件和所用汽油却都要靠进口，因而不敢多用，只在少数关键性战斗中

日本战地记者所拍摄的这张历史照片，表现了1937年8月21日日军在上海杨树浦战斗时于街道上阻击中国坦克的情景。

奉系军阀张作霖于1924年进口的法国“雷诺”FT-17轻型坦克在关内参战的历史照片。

表现德国Ⅰ号轻型坦克作战的油画。该坦克的武器是2挺7.92毫米机枪，这种机枪只能扫射敌军步兵。

把这些“铁甲宝贝”开出来。

抵抗国民党军北伐时，奉军坦克曾向冯玉祥部发起反击，对方的轻武器无法打穿它。不过西北军官兵发现当时的坦克观察孔有一道敞开的缝隙，便用鸟枪瞄准发射密集的铁砂，打瞎奉军驾驶员的眼睛，导致坦克瘫痪。

东北军退到东北的FT-17轻型坦克，在1931年“九一八”事变时因奉行南京政府的“不抵抗”政策，大多被日本关东军掳获，后拨给“满洲国”伪军使用。

南京政府在1929年才从英国购买了24辆卡登—洛伊德超轻型坦克，后来又购买了10辆德国Ⅰ号轻型坦克，20辆意大利CV33超轻型坦克，20辆英国维克斯6TE坦克和29辆维克斯卡登—洛伊德坦克。如此杂乱无章地购买坦克，主要原因是贪腐的官员们视哪家便宜和有回扣而定，维护保养则成了大难题，结果只好将其用于消耗器材较少的训练。

1937年日本大举进攻中国时，中国各派军队总共只有96辆型号杂乱的坦克，这些坦克分配给步兵充当活动火力点支援作战，同日军基本没有发生过坦克对抗战。

中国坦克兵开着坦克上抗战前线时，都抱着一腔爱国热情，只是指挥者缺乏专业知

识。8月19日，装备英制维克斯坦克的战车队开赴上海，配属精锐的德械第87师攻击日租界杨树浦。上海市区内街道狭窄、建筑物密集，且步兵从未与坦克进行过协同作战训练。据当事者回忆：“战车一上战场，步兵不予掩护，说你有装甲，怕什么？”6辆中国坦克没有步兵跟随，成一线沿四川北路突进，路上开炮摧毁了一些街道边的日军火力点。日本官兵一时惊恐后退，但很快又集中37毫米的战车防御炮在街头阻击。由于街道狭窄，坦克被击毁一辆后另一辆只能接着前进，直至全毁。

经过3个月激战，11月间上海前线出现大溃败，半个月内国民党军后撤300多公里退到南京。蒋介石请德国大使调停，并下令德械部队留下保卫首都，想以此提高德方调解的积极性。进口的德制Ⅰ号轻型坦克因此留下，而该车只安装有2挺7.92毫米机枪，威力不大，不足以同日军的“八九”式坦克相抗衡。最后，留下的一个战车连的战车全部被毁，只有一人逃回。

据这人归队后说，他们在城外打保卫战时配属步兵作战，坦克被日军的战防炮打坏。车上的乘员看到自己人都已逃走，如弃车而走会被俘虏，不如留下来寻机打击日军。果然，日军前锋对这辆被毁的坦克不屑一顾，径直向城内冲去。不久，两个中国坦克兵看到一大队日军走近，他们突然用机枪扫射日军，有数十人应声而倒。不过，日本兵异常顽

日军坦克掩护步兵在中国战场上肆虐的画面。左为"九五"式轻型坦克，中、右为"八九"式坦克。

强，他们散开队形围攻，但因只有步兵武器而无法将坦克摧毁。天黑后中国坦克兵见子弹已不多，才弃车突围，其中一人在途中牺牲。

战车指挥官杜聿明听过这人讲述的战斗故事，认为这过于离奇而不相信。1939年年末在昆仑关一战中缴获了日军一本名叫《皇风万里》的小册子后，他读到里面记载了南京作战中有遇战车袭击的教训，才相信了这个已经牺牲在昆仑关的士兵的故事是真实的。

蒋介石视察苏联援助的T-26坦克的历史照片。

苏联见中国抗战有利于牵制日本，便于1938年以后陆续运来近200辆T-26坦克，这些坦克成为中国战车部队的主力。1939年12月在广西昆仑关会战时，中国唯一的装甲机械化机部队第200师以几十辆T-26坦克沿山区公路向日

画中描绘了日军在中国战场使用“八九”式坦克作战的场面。

军进攻，并有苏联空军（以“志愿航空队”名义）轰炸掩护，成为中国近代战史上首次空中和地面机械化部队的协同进攻。

此役中国装甲部队又出现步坦协同不好的老毛病，山区地形又使坦克沿公路一线推进。遭日军战防炮抗击后，前车被毁便堵塞了道路，随后的柳州会议检讨认为此役使用坦克得不偿失。

援华的这批苏制T-26坦克，后来于1942年春赴缅甸作战。远征军因后路被日军切断，在绕山林突围时将坦克全部自行炸毁。1943年以后，美国向中国驻印度部队提供了100多辆坦克，其中少量为30吨的“谢尔曼”中型坦克，多数是重13吨、装配37毫米炮的M3A3轻型坦克。因日军在缅北缺少重武器，中国驻印军以这些坦克有效地突破了防御阵地，还将其作为机动火力点掩护步兵攻击。

旧中国“一穷二白”，国内没有机械制造业，连水泥、火柴、铁钉都主要靠进口，以至当时将这些东西称为“洋灰”“洋火”“洋钉”。国民政府所吹嘘的“黄金十年”的顶峰即1936年，中国钢产量仅4万吨，日本产钢500万吨，美国产钢5000万吨，相差何止天渊！民国年间的坦克只好靠引进，得到的数量又少，对战争全局没有太大影响。不过，坦克出现在华夏大地，还是让国人开阔了眼界，认识到这一新武器的威力，并产生了自己制造坦克的憧憬。

日本研制轻型、小型坦克欺凌中国

近代中国遭受的最严重的人侵来自日本，其岛国特点决定了其将发展海军装备放在首位。日军陆战装备长期投人不足，产出的坦克人称“块头小、重量轻、火力差”。

第一次世界大战期间，日本舰船制造业已达到世界先进水平，能够制造排水量3万吨的战列舰（部分机件还需从英国进口），但内燃机驱动的机动车工业却未起步，所用少量汽车都是进口的。富有侵略性的日本军方非常关注他国的先进武器，于1918年利用同英国的同盟关系将马克Ⅳ型坦克送回国内研究。随后，日本又买到英制马克-A“惠比特”型坦克和法制“雷诺”FT-17轻型坦克，于1920年在千叶陆军兵学校内建立了战车联队，在训练中摸索坦克的运用。

起初，日军有些人认为本国机械工业水平差，自己研制不如购买法制“雷诺”FT-17轻型坦克。但陆军技术本部的原乙未生大尉却强烈主张坦克要国产化。此人后被称为“日本坦克之父”。

1922年日本遇到“大正裁军”，翌年出现关东大地震，军费大幅缩减。日军于是采取国营和民间企业共同开发的方法，大阪工厂在1927年终于推出了试制1号坦克（日语称“战车”）。

试制1号坦克重18吨，安装了日本刚研制出的发动机，因功率差导致时速不过10公里。日本陆军预定的战场是道路状况较差的中国，他们认为装甲战车的最大指标应是机动性好，于是决定开发10吨以下的轻坦克。通过对英制“威克斯”坦克的模仿、改良，1929年日本开发出了第一款国产的实战坦克“八九”（用日本皇纪年号）式中型坦克。

“八九”式坦克重12吨，有乘员4人，配备57毫米口径短管火炮和2挺机枪。它的前装甲为17毫米，侧装甲为12毫米，最大时速25公里。车上的火炮只适合对付工事和步兵，装甲也薄，速度在各国坦克中是属于很慢的，不过，在推出后的10年间，其一直是日军装甲兵的主力。

1931年日本侵占中国东北时，主要使用进口的法国“雷诺”FT-17轻型坦克，“八九”式坦克也开始参战。1933年日本关东军进攻长城一线时，八九式坦克配合步兵实施突击，对缺乏反坦克武器的中国军队形成了威胁。看到该车机动性差，日本于1935年又设计定型了一种“九五”式超轻型坦克。

日本人所绘的诺门坎之战中以步兵对付苏联T－28坦克的图画，虽有自吹却也表现出无奈。

“九五”式坦克重量只有7.4吨，外形小巧玲珑，有乘员3人，装配1门37毫米炮，最大时速40公里。它的机动越野性虽好，火力却弱，装甲又只能挡住步枪子弹。不过日军认为其灵活可靠，一共生产了1250辆该车型，一直使用到战争结束。

1937年夏至1938年秋，日军向中国战略进攻时的装甲突击力量便是几百辆“八九”式坦克、“九五”式坦克，它们经常能突破缺少反坦克炮的中方阵地。不过日军将由坦克编成的战车大队（营）、联队（团），全部分散配属给了各步兵师团，担负支援步兵的任务，相当于机动的“装甲火力点”，这说明日军对坦克的认识仍基本停留在第一次世界大战期间。

此时日军关注到世界强国的坦克发展方向，研制了一种属于中型的“九七”式坦克。“九七”式坦克全重15.3吨，最厚前装甲为33毫米，后上部装甲只有6毫米。该车按欧美标准只能算轻型，起初的用途是对步兵实施近距离支援，短身管57毫米炮穿甲力差、射程近，不适合对坦克作战。

1939年6月，日军又在满洲的公主岭试验性地组建了一个战车

（日语的“战车”意思是“坦克”）师团，即第1战车师团。这个师团刚组建就投入外蒙古边境上的诺门坎之战。

此次诺门坎局部性冲突，是世界战争史上规模空前的装甲部队和航空兵交锋。苏军投入了6个师（其中有5个机械化师）共7万作战部队，将日本关东军4个师团8万精锐部队打得大败。苏军战斗伤亡2万人（死亡8000人），日军战斗伤亡超过4万人（死亡1.8万人），日本唯一的坦克师团一上阵便被打得溃不成军。

日军第1战车师团在诺门坎共投入87辆“八九”式坦克和“九五”式坦克、37辆“九四”式装甲车。7月4日，苏军指挥官朱可夫投入英雄部队第11坦克旅和第7装甲汽车旅，以8

1939年诺门坎之战时的苏军，左为穿35式军装的步兵，中为库班哥萨克，右为军级指挥员朱可夫。朱可夫因此战而一举成名。

日军“九五”式轻型坦克掩护步兵作战的画面。

日军“九七”式坦克改装新反坦克炮后，成为1940年以后的装甲兵主力。这是描绘该车作战的油画。

辆T-28坦克、12辆T-130喷火坦克和300辆装甲车同日军展开首次坦克大战。

双方一交锋，苏军坦克、装甲车群就如同雄壮的牛群，向着“个小、皮薄、炮弱”的日军装甲群冲来，如同宰杀羊群。当时战场有7公里宽，正面一马平川，正是战车驰骋的最佳场所，坦克性能优劣对战局起到了决定作用。

苏军T-28坦克前装甲达到50毫米，日军坦克的37毫米炮弹打到它的前装甲上只能被弹回来。T-28坦克的76毫米炮只要命中一发，便可将前装甲仅13~20毫米厚的日本坦克打碎。刚一交锋，日本第3坦克联队队长吉丸清武大佐便车毁人亡，各车失去指挥，有些坦克想绕到苏军车体后打薄弱装甲却先被摧毁。面对受损不能行动的日军坦克，苏军索性以T-130喷火坦克靠近至30米处，如同猫玩老鼠一样地用喷出的火焰将其烧成一根根火柱，随后车内弹药爆炸，将其炸得七零八落。

剩余的日本坦克只好掉头逃命，苏军的T-28坦克在后面猛追。据在场的一些日本老兵后来心有余悸地回忆，苏军坦克追上日本坦克后，有时根本不用开炮，只用强固车体就可把“九五”式坦克碾碎。

此时日军幸亏还有“武士道”拼命精神，一些拿着燃烧瓶的步兵同冲入阵地纵深的苏联坦克进行自杀式拼搏，一时击毁了几辆，争取时间掩护了第1战车师团残部撤退。这次“一边倒”的坦克战，反映出日苏工业制造水平的差距，关东军再也不敢同苏军打坦克战。

经过诺门坎之战的空前惨败，战后日军挖空心思想对付苏军坦克，因临时研制新坦克已来不及，便在1940年以后生产的“九七”式坦克的炮塔上换装1门47毫米口径的反坦克炮，此反坦克炮可以打穿当时苏军现役坦克的装甲（但对随后的T-34坦克却无可奈何）。

自1939年起，日本共生产了1500辆“九七”式坦克，此坦克成为装甲兵主力，此后日本各型坦克和“自走炮战车”（即自行火炮）都是在此基础上改良而成。中国人民解放军在东北最早收缴的坦克也是日本的“九七”式坦克，其中一辆获得了“功臣号坦克”的称号，在开国大典时从天安门前经过接受检阅。

“九七”式坦克刚改装47毫米炮时，与同时代的欧美

描绘日军“九七”式坦克的油画。左为装配57毫米短口径炮的早期型，右为改装47毫米反坦克炮的改进型。

坦克相比还不算太落后，不过，此后性能差距却越拉越大。其主要原因，是资源不足的日本集中力量研制飞机和舰艇，其国内汽车工业又很不发达，发展坦克的技术基础和资金投入都不足。当时国际上称日本那些“小豆坦克”主要用于欺负落后的农业国——中国，同苏联和美国的坦克较量就力不从心。

苏联从无到有跃居世界头号坦克大国

20世纪30年代，苏联本着发展“重工业—军工”为主的建设原则，在极其落后的基础上一跃而成世界第一坦克大国，成为世界军事舞台上的一个奇观。

沙皇俄国是帝国主义列强中的经济落后国家，虽一直注重军工业，但其所生产的大型战舰、飞机的发动机和许多配件都要靠进口。1915年俄国研制出半履带装甲车，上面装配2挺重机枪，从而建立了最早的装甲部队，但没有坦克。

1917年的十月革命诞生了以社会制度命名的国家苏维埃（即“工农兵政权”之意），其宣布要消灭资本主义制度，于是引起西方列强和日本的敌视。斯大林的建设模式是压低轻工业生产和维持人民的低水平生活，以计划经济的统一调配方式集中力量发展钢铁、煤炭、石油和机械制造等重工业项目，这也是后来众多社会主义国家学习的“斯大林模式”。

在第一个五年计划前的1928年，苏联还未建立起汽车制造业，红军只有200辆坦克和装甲车、1070辆汽车，它们都是进口货。同年美国的汽车产量却有400万辆，英、法、德等国的汽车产量也都以10万辆计，苏联同西方强国存在着“代差”。不过，自从1929年苏联实施第一个五年计划后，坦克工业迅速发展，而且西方国家是先发展汽车工业再造坦克，苏联却将建设坦克工业与汽车工业同步，并且以军用车辆优先。

苏联红军最早的坦克，是1919年缴获的2辆法国向反苏白卫军提供的“雷诺”FT-17轻型坦克。1920年莫斯科的机器制造厂以此仿制出第一辆坦克，命名为“争取解放的斗士列宁同志”，因库存的外国发动机有限只造出14辆。其中6辆仿“雷诺”型而命名为KS的坦克参加了对波兰的战争，波军一个团看到坦克便抱头鼠窜，红军就此更对其看好并争取本国生产。

1922年，满目疮痍的苏联为恢复发展工业，同战败后受到国际条约限制的德国订立了加强贸易的《拉巴洛条约》。德国又秘密向苏联提供武器制造生产线，苏联则对德开放基地，允许其研制《凡尔赛和约》所禁止拥有的坦克。苏联坦克工业刚起步，连瞄准和导航设备都没有，通过掌握德国技术，在20世纪20年代末建立起本国的发动机制造工业。1930年，哈尔科夫拖拉机厂开工，同年生产出首台拖拉机，该厂也成为最大的坦克生产厂。

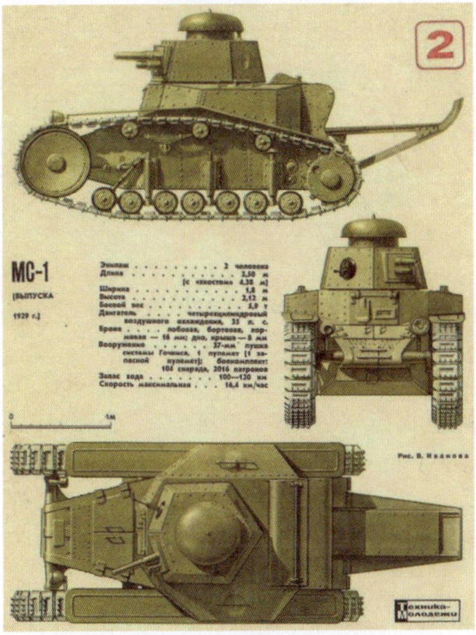

苏联最早量产的坦克BC-1型的三视图。

苏联此时的口号是“要么灭亡，要么在技术上赶上资本主义国家”。为获得先进装备，苏联暂时收起“世界革命”的宣传而同英法改善关系，1929年5月同英国公司达成购买维克

1929年苏联第一种量产的坦克BC-1型，其因性能较差很快被淘汰而充当边境火力点。

斯E型6吨级轻坦克以及其生产权的合同。翌年，苏联制造出第一种批量生产的BC-1型坦克（也称“T-18坦克”），其基本属于英制坦克改进版。该型坦克生产近千辆，红军又感到其落后而很快将其淘汰，于1931年将新推出的T-26坦克定为制式装备。

T-26坦克的设计除参考英法坦克外，又掺杂了德国设计因素。该车使用37毫米火炮（后改为45毫米），正面装甲厚度为25毫米，侧装甲为6~16毫米，全重10吨，公路时速达到30公里，在当时的世界上算是性能不错的轻型坦克。苏联在20世纪30年代每年生产该型车1000辆以上，使其成为

苏联在20世纪30年代生产的T-26坦克是世界上第一种产量过万辆的坦克，1938年以后苏联向中国提供了近200辆，是抗战前期国民政府装甲兵的主要战车。

表现苏军BT-5快速坦克在芬兰战场上的画面。该车虽轻型灵活，但其装甲却太薄，战场生存力不高。

苏联大量装配的BT-7快速坦克因其装甲太薄而未发挥太大作用。

世界上第一种产量过万辆的坦克，1935年以后苏联坦克保有量也居世界第一。

苏军装备T-26坦克后感到其速度不够快，于是开发了一种快速坦克即BT系列，包括BT-5-2坦克、BT-5-5坦克、BT-5-7坦克，时速提升到70公里，重量与T-26坦克基本相当，不过其装甲更薄。

研制出轻型坦克后，苏联又研制中型坦克、重型坦克。1933年，T-28中型坦克定型，其重28吨，装配76毫米口径短管火炮，前装甲厚50毫米，其火力和装甲在当时已算很强，缺点是机动性差。T-28中型坦克在开阔

苏联多炮塔的T-35坦克的三视图，该型坦克外形怪异，结构复杂，很不适用。

的原野如诺门坎地区可以发挥威力，但到了道路复杂的芬兰前线就显得笨拙，沿林间小道前进时很容易被反坦克炮打穿其侧甲。芬兰人还给它起了一个绰号叫“邮政列车”。

T-28中型坦克虽有不足，却是苏联第一种中型坦克，它的研制为后来推出享誉世界的T-34坦克奠定了早期基础。

1933年，哈尔科夫制造厂研制出苏联最早的一种重型坦克T-35坦克。其于1936年列装，至1939年停产，只生产了61辆。有人讽刺它是“最丑陋的坦克”，其体积大，重50吨。其设计思想借鉴了海军战舰炮，车上有5个炮塔，包括安装76毫米主炮的中央炮塔、2个小口径炮—机枪炮塔和2个机枪炮塔，能同时向四面多个目标射击。有人形容它是“五头六臂”“四面开花”。为了操纵这么多武器，全车有乘员11人，而且造价高昂。

这种好似地面战舰的坦克，在莫斯科红场参加了阅兵。斯大林看到这种外形怪异的坦克，马上向身边主管国防科研的人讽刺说：“这是不是要在坦克上开杂货店?”

苏联坦克界经过讨论，多数人认为多炮塔使坦克火力分散，每个炮塔都不能安装火力强的炮，上了战场，坦克通常要集中火力打击一个目标，构造上分散火力弊大于利。另外，其结构复杂，车辆太重。再加上领袖发话，苏联坦克界于是统一了认识，确定坦克只应有一个炮塔。

战前苏联T-35多炮塔坦克因被斯大林讥笑而未大量生产。

描绘苏军T-26坦克在战场上前进的画面。该型车在西班牙战场上首次经受了实战考验。

图为英国维克斯公司于1925年制造的A1E1型“独立”号重型坦克。该坦克除了主炮塔之外还加装了4座机枪炮塔，这种多炮塔坦克一问世就不被军方看好。

其实，英国维克斯公司于1925年也试制过一种A1E1型“独立”号重型坦克，在主炮塔之外还加装了4座机枪炮塔，很快就发现不适用。第二次世界大战爆发后，各国都不再生产多炮塔坦克了。

1936年西班牙内战爆发后，苏联送去700辆T-26坦克支援共和军，其中一些由以“志愿军”名义参战的苏联人操纵。实战证明，T-26坦克防护力太差，大口径机枪都能打穿其侧甲。1936年10月，苏联人驾驶的50辆坦克同佛朗哥法西斯骑兵遭遇，开始将其打得四散逃命，之后，苏联坦克手抛开步兵穷追不舍，深入纵深后遭到敌方炮火和反坦克枪攻击，很快损失大半。

苏联人片面地吸取了T-26坦克作战的教训，认为坦克只适合分散配属步兵部队。此前，苏联元帅图哈切夫斯基已提出过集中坦克实施“大纵深突破”的

作战理论，但经过西班牙作战，这一很先进的理论却被否定了。苏军解散了坦克军、师一级的单位，只保留旅一级，经过1939年在诺门坎坦克突击的成功实践，苏军在1940年才恢复组建师、军级装甲机械化部队。

诺门坎作战中苏联投入了700余辆坦克，少量是T-28中型坦克，多数还是T-26坦克。实战证明，前者笨重却防护力强，后者灵活却装甲太薄。苏联坦克界总结经验，决定研制一种装甲、火炮和机动性平衡的坦克，这就推动了第二次世界大战中最著名的T-34坦克的诞生。

纳粹执掌德国后恢复装甲兵并提出新战术

德国在第一次世界大战失败后，陆军被限制在10万人，按规定不得拥有坦克。于是，想复仇的军国主义者就采取“借鸡生蛋”的办法，他们利用英法无法监督的苏联研制坦克并培训装甲兵。

战前苏军装备了1万多辆T-26坦克，但T-26坦克却有装甲薄、火力弱的缺陷。

德国于1934年研制的I号轻型坦克在进行训练的画面。

德国于1934年研制并投产的I号轻型坦克，在国内主要作训练之用，也出口到中国。国民政府在南京保卫战中使用的就是该型坦克。

1925年10月，德国与苏联秘密签署了在喀山建立联合坦克学校的协议，1927年7月学校正式建成。德国将伪装成农用拖拉机的老式坦克运到此地，苏联也将买到的一些英法坦克运来。这个坦克学校对外称作“农业培训班”以掩人耳目，到此地的德国人都穿苏军军服，德苏双方学员一起学习现代装甲兵战术和坦克作战指挥等课程，教员则由德国人担任。

后来在苏德战场上浴血厮杀的两军装甲部队的指挥官，许多都是这个坦克学校的学生。不过，据德国学员回忆，当时他们就鄙视苏联人。曾到喀山视察的“德国装甲之父”古德里安对苏联许多事务很反感，双方并没有情谊而只是相互利用。

1933年1月，以希特勒为首的纳粹党在德国执政，马上打起反苏反共旗帜，断绝同苏联的合作，撤回在苏人员，同时突破《凡尔赛和约》的限制开始在国内研制坦克。

德国是汽车的发明国，机械工业和汽车制造业水平一直居世界前列，又有研制坦克的技术储备，因此装甲兵建立速度很快。只是其国内优先保障航空业，发展坦克投入不足。

希特勒的确是穷兵黩武，不过，这个恶魔上台之初为收买人心，还是将国家财力主要用于改善民生。纳粹上台5年后德国解决了全民就业，平均工资提升了1倍多，那时全德一片欢呼声：“嗨里（万岁）！希特勒！”在经费有限时，德国首先研制试验性的轻型坦克。

1934年，德国克虏伯公司设计制造出Ⅰ号轻型坦克，主要借鉴了运回本国的原苏联所购英国的卡登·洛伊德超轻型坦克的底盘。Ⅰ号坦克A型重5.4吨，只有乘员2人，车上只有2挺7.9毫米口径的机枪，装甲最大厚度为13毫米，最大公路时速为37公里。其车体太小、火力太弱，只像辆带机枪的装甲履带车。

Ⅰ号轻型坦克主要用于训练坦克兵，还出口到中国等国家。1936年为支援西班牙佛朗哥法西斯政权，德国以“志愿军团”名义派去5万人，其中就有驾驶100余辆Ⅰ号轻型坦克的坦克兵。在同苏制T-26坦克战斗时，Ⅰ号轻型坦克虽然灵活且机械性能好，但机枪却打不穿对方的装甲，T-26坦克的45毫米口径炮却能轻易将其击毁。

1935年德国又研制了一款过渡性的Ⅱ号轻型坦克，产量达1000多辆。该车重10吨，装配1门20毫米炮，炮塔前部装甲厚度达30毫米。

德国预定作为装甲兵主力的车型，是Ⅲ号坦克和Ⅳ号坦克相搭配，这两者在1939年定型。希特勒在这一年的年初还对军方保证，1944年前不打算发动战争，因此，这两款新坦克未大量投产。但随后希特勒看到对手已加强军备，便于1939年9月抢先开战，德军只好将原来也主要用于训练的Ⅱ号轻型坦克作为开战时的陆军装甲兵主力。

纳粹德国早期的坦克并不先进，却出现了独特的装甲兵战术思想。1934年，组建装甲兵的负责人古德里安就突破坦克配属于步兵的老派理念，在少壮派的支持下提出要创建

描绘德国II号轻型坦克的油画。

希特勒当政后的德国宣传画，公开表现出要扩展“生存空间”。

德军“装甲兵之父”海因茨·古德里安。

以坦克为主、诸兵种合成的独立装甲师，并集中有限的少数坦克在训练场上进行了集群突击的表演，得到了那个有着恶魔般嗅觉的元首的欣赏。

第一次世界大战期间，希特勒只是陆军下士，其作为传令兵尝尽了西线几年战壕僵持之苦，期盼出现一种陆战突破武器。他看到古德里安组织的表演便叫道：“这正是我所需要的！”

法西斯主义是邪恶的，但纳粹德国建立初期的坦克战理论却领先于各国，这就为后来进行“闪电战”奠定了基础。历史证明，一种先进的战术思想，往往比先进武器更具威力。

德国II号轻型坦克的剖面透视图。可看出其炮塔较小，装配的20毫米口径炮的火力也弱。

第叁章

纳粹装甲兵
充当侵略前锋

1939年9月1日，德国“闪击”波兰，正式开启了第二次世界大战，纳粹装甲兵很快横扫西欧，接着在广阔的苏联大地横冲直撞。若论起质量，德军坦克比不上法国、苏联的坦克，数量更比对手少得多，但希特勒手下的装甲骁将古德里安、冯·克莱斯特、隆美尔等人采用出人意料的新战术，加上头顶又有优势空军掩护，因此在战争前两年创造了“德军装甲部队无敌”的神话。坦克在陆战中作为突击主力的地位，从此在世界军事舞台上奠定。

德国早期的IV号坦克（短炮管是其特征）也是德军装甲兵的重要装备。

德军坦克对波兰军实施“机械化屠杀”

德国在1918年战败投降后，东部一片土地被英法等战胜国做主割给波兰，德国人对此积愤在胸。国防军陆军司令冯·泽克特早在1927年便同军界头目统一了认识——“波兰的存在是不能容忍的”，1933年希特勒上台后便准备消灭那个夹在德苏之间的新国家。

波兰这个民族国家在历史上曾被德国、俄国、奥地利三次瓜分过，1918年复国后又采取了错误的“远交近攻”战略，亲近远方的英国、法国，同邻国德国、苏联处于敌视状态。1920年波兰军队利用苏俄内战的混乱一度攻占基辅，并虐杀了上万红军战俘。斯大林等领导人就此怀有对波兰的报复之心，波军重点准备对苏联的作战，反而忽视了德国这个虎狼之邻。

1938年10月，英法与希特勒签订臭名昭著的《慕尼黑协定》，同意将捷克的日耳曼族聚居区苏台德割给德国。1939年3月，希特勒出兵占领捷克，又决定乘势摧毁波兰，并认为英国和法国不会同自己开战，为稳住苏联，又于8月23日与苏联签订了《苏德互不侵犯条约》。斯大林见此前英法想“祸水东引”于是采取了“祸水西引”的手段，在《苏德互不侵犯条约》内加上了在东欧划分势力范围的秘密协定。俄罗斯总统普京后来对此评价说：“这的确不光彩，不过当时没有别的选择。”

进攻波兰前，希特勒担心英法参战，因此要求德军在两三个星期内完全占领那个有着3800多万人口的国家（其东部有1000万人口的地区交给苏联）。德国坦克中的绝大部分即2100辆都调到波兰前线，其中多属原准备用于训练的重10吨、仅装配20毫米口径炮的Ⅱ号坦克。德军作为装甲兵主力的Ⅲ号坦克和Ⅳ号坦克虽已服役，但因产量太少而主要做试验性使用。

Ⅲ号坦克早期型重20吨左右，装配较小口径的37毫米炮（但留下改装空间），车体装甲厚10~37毫米，炮塔装甲厚10~57毫米，最大时速为40公里。

Ⅳ号坦克早期型重24吨，装配75毫米口径短身管榴弹炮（炮长为口径的24倍），最厚装甲为30毫米，最大时速也为40公里。

按德军的作战安排，Ⅲ号坦克负责对付对方坦克并担任突击先锋，Ⅳ号坦克负责实施火力支援，属于“一个冲锋、一个火力支援”的搭配组合。

因坦克数量不足，德军将从捷克缴获的LT-35、LT-38这两种轻型坦克共177辆装备了4个轻装师。德国将领反映，除了20毫米、37毫米口径炮的火力不足，捷克坦克的机械和越野性能还是很不错的。

进攻波兰的德军共约150万人，编为76个师，其中虽然只有7个装甲师却充当了突击尖刀的角色。

表现德军II号轻型坦克在波兰战场上横冲直撞的油画。

波兰于战前经仓促动员，全军达120万人，却以步兵和骑兵为主。其700辆坦克多数是复制英国坦克并进口其部件组装的TK系列超轻型坦克，仅6吨重，此外还有少量陈旧的英国维克斯型坦克和法国“雷诺”FT-17型坦克。波兰装甲部队又以连、营为编制分散配属到各个步兵师，根本形不成“拳头”。

9月1日战争打响后，德军以2000架轰炸机、战斗机先摧毁了波兰空军主力，同时破坏了其交通枢纽和指挥中心。由于波军地面防御是一线配置，“鸡蛋壳”式的防御当天就被德国坦克冲破，迅速冲入纵深的德军进行了“机械化大屠杀”。

德国装甲兵骁将古德里安此时担任第19装甲军的军长，开战第二天其率领的军队就包抄合围了波军一个军。波军骑兵挥舞着他们手中的马刀和长矛，向德军坦克发起冲锋，企图杀出一条血路突围。德军毫不留情地用坦克炮和机枪对波军进行射击，并用履带碾压波军。至9月4日，第19装甲军仅付出死亡150人，受伤700人的微弱代价，就取得了歼灭波军3万余人的战绩。

希特勒得知这一战果，马上飞抵第19装甲军视察。古德里安向元首不无炫耀地说：“波兰人的勇敢和坚强是不可低估的，甚至是令人吃惊的。在这次战役中我们的损失之所以会这样小，完全是因为我们的坦克发挥了高度威力的缘故。”

听到古德里安的总结，希特勒更坚信装甲兵是陆战突击的决定力量。这次“闪击”式的攻击，为德军坦克提供了一个实战试验场，重要体会是“集中使用”和“快速突破”。

德国装甲部队仅8天就攻到华沙城下，政府人员逃走后华沙军民顽强防御了20天，最终因弹尽粮绝至9月28日投降。世界各大国就此看到了坦克突击的威力，竞相发展这种钢铁战车。

纳粹铁骑以少胜多横扫英法联军

波兰遭受攻击时，英法两国虽如约对德国宣战，却在西线静坐着宣而不战，想等待德军去进攻苏联。但希特勒却回过头来先解决西面的后顾之忧，于1940年5月10日突然以136个师、近300万人的兵力猛扑向法国、荷兰、比利时和卢森堡。法军此时经动员也有300万人，其中的非机动部队固守在号称“世界第一坚固要塞”的马其诺防线中，以机动部队北上会同

英勇的波兰骑兵挥舞着马刀和长矛对付德国坦克，冷兵器和装甲战车的直接较量，胜负从一开始就已经注定了。

25万英国远征军进入比利时，迎击破坏该国中立前来进犯的德军。

面对英法联军（也包括加盟的比军）“东守西攻”的战略，希特勒采纳了曼斯坦因中将的计划，从卢森堡方向的阿登森林中实施了中间突破，一举冲入法国腹地。德军在西线的坦克有2800辆，绝大多数集中到装甲师中使用。英法在西线的坦克达3800辆，却分散配属各步兵师（多数师有一个坦克营），结果是德军在重点突击地段时反而占有了数量优势。

此时德军坦克正处在更换期，Ⅱ号轻型坦克还在使用，Ⅲ号坦克和Ⅳ号坦克已充当了装甲兵主力。

戴姆勒-奔驰公司生产的最早期的Ⅲ号坦克只装配了37毫米火炮，在波兰战役中火力不强。于是，德方为新产的该型坦克安装了50毫米口径的较短身管火炮（长度42倍于口径），其能在近距离内打穿英法坦克的装甲，车重也增加到22吨。

在波兰战役中，Ⅳ号坦克的75毫米短身管榴弹炮能在近距离直接瞄准摧毁许多火力点，德军认为其是Ⅲ号坦克的好“搭配”，因而加速了生产。

此时德军不发展较重的坦克，是考虑到欧洲许多乡间公路的最大承重不超过25吨，从“闪电战”的要求看机动性排第一，对装甲、火力的要求反而不太高。

德军III号坦克攻入法国的画面，左后是被击毁的法国“索玛”S-35中型坦克。

渡海远征法国、比利时的英国坦克，主力是英国维克斯公司刚生产的玛蒂尔达Ⅱ型。该车重26.5吨，乘员4名，特点是“皮厚、炮小、速度慢”。英国人设计坦克的指导思想还停留在上次大战的阵地战时期，其要求装甲尽量厚一些以挡住枪炮攻击，速度能同步兵跑步冲击保持一致就行。玛蒂尔达Ⅱ型坦克最大时速只有24公里，只装了1门40毫米口径炮和1挺机枪，难以打穿德军Ⅲ号坦克的前装甲。不过它的炮塔和车体正面装甲防护

英国维克斯公司生产的玛蒂尔达Ⅱ型坦克的三视图，该车的特点是“皮厚、炮小、速度慢”。

厚度为70~78毫米，德军用坦克炮也打不穿它，只好以88毫米口径的高射炮来对付它。

法国参战的3100辆坦克分为重、中、轻三型，2/3以上是“雷诺”R-35轻型坦克及其改进型，还有500辆“索玛”S-35中型坦克和400辆B1-bis重型坦克。

法军中较老的R-35坦克仅重10吨，乘员2人，装配1门37毫米短身管火炮和1挺机枪，改进型也只有12吨。其枪炮只准备对付步兵，短管炮很难对付中型坦克。

“索玛”S-35中型坦克在1940年被称为“世界上最佳的中型坦克”，其炮塔具有优美的弧度，重19.5吨，乘员3人，炮塔正面装甲厚55毫米，车身装甲厚40毫米，最薄弱的后部也有20毫米。“索玛”S-35中型坦克的炮塔上装备有47毫米口径加农炮，是西线战场威力最大的坦克炮。该坦克最高时速为40公里，无线电对讲机是标准设备。可惜的是，这些坦克中只有一半配备训练好的乘员并装备到部队，且分散部署。后来有人叹息，若按

法国B1-bis重型坦克作战的画面。它的双炮结构很不合理，前车体右侧安装的主炮几乎派不上用场。

战前法国研制的索玛S-35中型坦克的画面，其性能在当时世界上属上乘，可惜装备太少。

照战时国防部部长戴高乐的意见，用这些坦克装备几个装甲师，再有些空中掩护，其就能成为抗击德军装甲集群突击的有力“拳头”。

法军B1-bis重型坦克全重32吨（按后来的标准只能算中型），乘员4人，正面装甲厚60毫米，侧面装甲也达55毫米。它的设计思想也受上次大战阵地突破的影响，在车体前方装了1门不能左右移动的75毫米火炮，准备用于对付强固工事。它的炮塔上安装了1门47毫米炮，可以对付坦克。这种“双炮”结构，使两门炮火力都不强，马力不强又导致最快时速不过28公里。德国虽然难以打穿这种笨重的坦克，却往往能轻易绕到其后方，造成装备这种坦克的整个部队崩溃。

5月10日德军对法国发起“闪击”式攻击时，清晨就攻击了其几十个机场，将大量飞机消灭在地面，从而掌握了制空权。与此同时，7个装甲师作为集群先锋，穿越卢森堡阿登山区，直插法国纵深。此时若想对付在狭窄公路上拉长到200公里的德军坦克纵队，只要找几百个伐木工把路边的大树纷纷砍倒，德军为清除障碍会大大放慢行军速度，英法联军就有时间赶到山间隘口布设防线。遗憾的是，卢森堡和英法联军对此根本没有防范，5月12日德军装甲部队就冲到法国境内缪斯河畔。

以隆美尔少将为师长的第7装甲师最先到达缪斯河边，遇到法军火力阻击时，他便让手下的捷克制LT-38型坦克集中，沿着河岸一线排开，以直接瞄准压住对方火力。5月14日，古德里安的3个装甲师的Ⅲ号坦克和Ⅳ号坦克全部渡河，然后以每天80公里的速度向英吉利海峡前进。

此时英国远征军集中不了装甲部队，只以2个坦克营共58辆玛蒂尔达Ⅱ型坦克向德军第7装甲师及配属其的党卫军“骷髅师”发起侧击。德军步兵以标准的37毫米口径反坦克炮开火，炮弹打在玛蒂尔达Ⅱ型坦克厚厚的前装甲上完全不起作用，党卫军“骷髅师”开始招架不住，许多官兵准备逃跑，恰好隆美尔在此时赶到。他马上将师属高炮团内的6门88毫米高射炮调来，压低炮口平射，仅仅几分钟就摧毁了13辆玛蒂尔达Ⅱ型坦克。

英国坦克攻击停顿时，德军第7装甲师的LT-38轻型坦克和Ⅳ中型坦克也发挥机动性能好的特点，纷纷绕到英军坦克的两侧，寻找装甲防护最为薄弱的履带和炮塔开火，导致英国坦克接二连三地爆炸起火，英军仅有的一次坦克反击迅速以溃败告终。

隆美尔创造性地将88毫米高射炮压低炮口进行平射打坦克的画面。

表现德军第7装甲师师长隆美尔率部迅速在法国推进的油画。他乘坐的是捷克产的LT-38型坦克（右），左面是被击毁的法国B1-bis坦克。

5月24日，英国远征军和法军一部退到敦刻尔克港，他们利用希特勒的犹豫，抢时间通过海路将33.8万英法军队撤到了英国本土。因仓促动员来的杂七杂八的船只难以运输重武器，700多辆坦克被破坏后丢在海滩上或港口旁的公路上。

6月5日，德军向法国内地发起总攻，法军统帅部下令放弃开阔地，在一些要点紧急修建环状工事，能调动的坦克也分散部署其中。德军利用坦克的机动性绕过各环形工事，以配备反坦克、高射炮的步兵部队包围这些据点，再以装甲师高速向纵深穿插。法国坦克大多数被困在环形工事里，暂时充当了火力点，不久便投降，成了德军的战利品。

面对德军坦克的狂奔突击，法国政府组织不起新防线，也丧失了抵抗意志。6月14日，德军开进了宣布为"不设防城市"的巴黎，两天后法国新政府向德国求和。希特勒为了不使法国保存完好的海军和庞大的海外殖民地全部倒向英国，同意保留法国作为主权国家，不过保留下的少量武装力量要服从德国。6月22日法国签署了停战协议，实际是投降协定。

法国战败时，德军对接受的重型、轻型两种坦克认为不合用，对

500余辆S-35中型坦克倒是颇为欣赏。其中一部分被德国在法占领军留用，一部分被转交罗马尼亚、匈牙利等仆从国军队。

德军以一个半月便横扫法国、比利时、荷兰、卢森堡各国，其坦克一时被吹得神乎其神。实际上德国的坦克数量、质量都不占优势，只是法西斯官兵的凶悍压倒了临战惊慌的英法军队，德军运用坦克的战术也远占优势。坦克战同骑兵战相似，“坐骑”是否优良虽重要，但“骑手”的勇气、技巧和指挥官的谋略才是关键。

战前苏联研制出世界上性能最好的T-34坦克

1940年6月下旬法国战败，7月间希特勒马上下令准备进攻苏联，并向英国发出“和平呼吁”。丘吉尔首相拒不接受德国的条件，由此希特勒在8月间曾下令实施全面轰炸英国的不列颠空战，因未能夺取制空权又决定先解决“东方问题”。

对苏开战初期德军进攻苏联的装甲主力是Ⅲ号坦克，其装配短身管的50毫米口径炮威力已不足。

1940年苏军定型并在翌年初大量投产的T-34坦克的早期型，与后期型相比其火炮身管较短。

希特勒想消灭苏联，这对任何国家来说都不是秘密。早在1923年，希特勒在其代表作《我的奋斗》中就宣布德国未来“拓展”生存空间“只有以牺牲俄国才能实现”。苏德在1939年虽签订了互不侵犯条约，但双方都清楚这只不过是各自争取时间的权宜之计。

纳粹德国“闪击战”连获大胜后，希特勒感到现有坦克就足以横行欧洲，对改进其性能、研制新型号及增加产量都不太急迫。为让德国民众拥护战争，希特勒下令增加社会福利，军费却增幅不大。击败法国后的一年间，德国坦克产量不足2000辆（部分还损失于巴尔干作战），不足苏联同期产量的1/3，以此本钱就对苏联开战实在是野心过大而最终力不从心。

德军通过在法国的作战，感到Ⅲ号坦克的37毫米口径炮和短身管的50毫米口径炮的穿甲威力都不足，于是设计了一款身管达到50毫米口径的60倍的长身管炮，此长身管炮在进攻苏联前才试验成功。

德国坦克发展如此迟缓，苏联军方都不相信。1941年初春苏联军事代表团赴德参观时，希特勒下令将最新型的Ⅲ号坦克和Ⅳ号坦克向其展示，还同意出售一些样品，以此麻痹对手。苏联军官却说：“你们没有把最新的坦克拿出来给我们看。”

听到这话的德国将军马上向希特勒报告：“俄国人肯定有比我们更先进的坦克。”但认为自己的种族最优秀的希特勒却觉得，苏联不可能制造出更先进的坦克。

1939年末进行测试的T-34坦克初期型。

那时的苏联对外界封闭并格外注重保密，至1941年春天坦克已有2.5万辆，远超世界上其他国家坦克的总和，不过其中一半是已经落后的T-26轻型坦克，其余多是“皮薄、炮小、车快”的BT-5快速坦克和BT-7快速坦克。外界鲜知的是，苏联此时已生产了500多辆新式的KV重型坦克和1300多辆T-34中型坦克。

天才设计师科什金领导研制出T-34坦克，使10年前还没有坦克研制能力的苏联一举推出世界上性能最优的坦克。科什金是苏联第二大坦克厂哈尔科夫厂（第一大坦克厂在列宁格勒）的设计师，他总是深入车间，并总结此前坦克战的经验，不求精细而突出实用。

美国设计师克里斯蒂研制的弹簧悬挂系统此时也被引进苏联。这种弹簧悬挂系统使坦克在行进时负重轮能有效伸张，大大减轻了内部颠簸，并提高了越野能力，是坦克发展史上的一次革命性技术提升。但不重视陆战的美国军方却没有看上克里斯蒂的坦克，此坦克于1931年生产出9辆，但美国本土只订购了5辆，2辆被苏联买走（此时美苏因还没有战略利益冲突而未限制军购）。后来的T-34坦克正是模仿并发展了克里斯蒂研制的弹簧悬挂系统，加上采用了宽履带和大功率柴油机，所以越野性超强。

1939年11月T-34坦克的样车问世，并技压其他工厂竞标的坦克。它重26.5吨，比较适中，装甲前部55毫米、侧部35毫米，装配76毫米口径炮，最大时速为55公里。T-34坦克的突出之处是解决了长期困扰坦克设计师的难题——机动、火力、防护这三者难以平衡。科什金又创造性地使用了柴油机，这比过去使用的汽油机有更高效率，更省油，被敌人击中也难以起火。T-34坦克倾斜的装甲使得水平射来的敌方炮弹容易滑向一边跳弹，这可以用较少的装甲获得更大的防护。

在研制T-34坦克的同时，苏联还研制了KV系列重型坦克，突出装甲厚重以对付敌方坦克和强固工事。KV-1坦克重46吨，最大时速为35公里，车体装甲厚度为30~106毫米，装配1门同T-34坦克一样的76.2毫米火炮。KV-2坦克重53吨，最大时速为26公里，装甲防护厚度为35~110毫米，装配1门152毫米大口径榴弹炮。

对KV坦克，苏联人有不同的评价。有人认为其在坚守要点和对付敌坦克时有独特作用，尤其正、侧装甲是当时的坦克炮都打不穿

卫国战争开始时苏军装备的坦克有许多还是BT系列的轻型坦克，其已不是德军坦克的对手。

表现苏军T-26坦克击毁德军II号轻型坦克的油画，不过其45毫米炮对付德军III号坦克已很困难。

描绘战争初期的苏军因无制空权而遭受重大损失的绘画。后面的T-34坦克也被击中起火。

的。有人则认为其研制纯属多余，因为其火炮威力与T-34坦克一样，虽装甲厚却行动笨重，机械故障又多，还经常压坏道路和桥梁，成为部队的累赘。

1941年6月22日，德国以“闪电战”突袭苏联，在长达300公里的战线上投入153个师（另有仆从军37个师），拥有2800辆坦克和600门使用坦克底盘的强击炮。斯大林因判断战争爆发的时间有误，仓促应战，使前线部队陷入混乱。苏联空军的飞机数量虽多于德军几倍，性能却落后，而且有一大批在机场上被炸毁，开战即失去制空权。德军19个装甲师作为突击“尖刀”，两个星期内便突入苏境500公里以上，苏军在白俄罗斯方就有32万人被俘。苏军在前线虽有1万多辆T-26坦克和BT轻型坦克，但德军的坦克、火炮以及机关炮都能轻易将它们击毁。

德军的得意之态没保持几天，苏军T-34新型坦克的出现就让其大吃一惊，另外德军对苏军坦克总数之多也大感意外。7月16日希特勒来到中央集团军群司令部时，便对古德里安等将领忧心忡忡地说：“假如我知道苏联有这样强大的坦克部队，恐怕就不会下令发动这场战争了。”

不过，他投入了一场最大的豪赌，又用德国和自己的命运下注，此刻已不能收手。

苏军出现损失2万辆坦克的大败绩

德国对苏联发起进攻时，双方主战坦克性能对比如下：

型号	吨位	火炮口径	装甲厚度
KV	46/53吨	76.2/152毫米	正面105毫米、侧后70毫米
T-34	26.5吨	76毫米	正面55毫米、侧后35毫米
T-26	9吨	45毫米	正面16毫米、侧后6~8毫米
Ⅲ号坦克	20吨	50毫米	正面30毫米、侧后20毫米
Ⅳ号坦克	22吨	75毫米（短身管）	正面30毫米、侧后20毫米

表现苏军KV-1坦克向德军反击的绘画，当时德国的反坦克炮从正面根本打不穿这种坦克的前装甲。

开战几天后，德军坦克就遇到KV-1坦克的反击，Ⅲ号坦克的50毫米炮和Ⅳ号坦克的75毫米炮都无法打穿其前装甲，德军坦克一时四散逃避。不过德军随即表现出协同良好的优点，调来88毫米高射炮抗击。孤军深入的KV-1坦克得不到步兵的掩护，成了德国炮兵和手持反坦克手雷的步兵的攻击靶子。苏军又没有空中掩护，德军“斯图卡”俯冲轰炸机如老鹰捉小鸡般地在头顶上猎杀地面上涂着红星的战车。苏军坦克的油料和弹药很快也供应不上，在被迫撤退途中，KV-1坦克因油料不足和发动机故障大都无法开回，自行炸毁者比被敌军击毁的数量还多。

在北方战线后，开战4天后苏联一辆KV-2坦克却演出了一场单车在河边顽强阻击德军第6装甲师达两天之久的剧幕，此为世界坦克战史上的奇观。

在一条河流的渡口边，苏军一辆体型巨大的神秘坦克横在桥头。德军面对这一“拦路虎”，先以6门50毫米反坦克火炮齐射，却完全不起作用，这些炮反而全被其开炮摧毁。晚上德军派

苏军KV-1坦克以其厚装甲在战争初期向德军坦克实施猛烈反击的画面。

表现苏联T-34坦克早期型对德军实施反击的油画，左侧是被其击毁的德军坦克。

工兵泅渡过河将炸药包塞入坦克悬挂装置内引爆，坦克只是轻微晃了晃，没有损坏。第2天，德军用渡船将6辆捷克产LT-38轻型坦克送过河，从不同方向扑向苏军坦克以吸引其注意力，隐藏在丛林当中的88毫米高射炮向该坦克薄弱部位开炮，有2发炮弹穿透了坦克侧面装甲。一组德军敢死队队员趁机爬上冒烟的坦克，向炮塔内塞进了手榴弹，这才把苏军坦克手全部炸死。事后不少人感叹，苏军单车都能发挥如此威力，若是事先组织好防

表现苏联KV-1坦克开赴前线的画面。德军各种反坦克炮打不穿它的前装甲，只能用88毫米高射炮对付它。

御，德军就很难长驱直入。

KV坦克因过于笨重还未真正威胁到对手，真正让德军心惊肉跳的是，从1941年7月3日起有了一个可怕的对手——T-34坦克。这是一种机动速度快、采用流线型倾斜装甲的中型坦克，当德军以37毫米反坦克炮和50毫米坦克炮打到其装甲上时，马上弹了回来。德军第2坦克集群司令古德里安吃惊地下令暂时后退，并调来队伍中唯一有效的对抗武器——88毫米高射炮。苏军没有编配与坦克共同作战的装甲步兵，坦克之间也缺乏火

开战之初，苏军一辆KV-2坦克竟阻挡德军冲向列宁格勒的第6装甲师达两天之久。

面对出现在战场上的苏军T-34坦克的厚装甲，德国Ⅲ号坦克迅速改装身管60倍于口径的50毫米反坦克炮，在较近距离能打穿T-34坦克。

力交叉相互掩护，T-34坦克的正面装甲又挡不住德军高射炮，因此，这种世界名车首次登场就因指挥和组织不善打了个败仗。

战斗结束后，古德里安上将凝视着被摧毁的T-34坦克，为过去一向藐视的俄国人能制造出这些世界上最先进的坦克而震惊。德军第1坦克集群司令冯·克莱斯勒元帅来参观后，也称其为“世界上最好的坦克”。不过，许多德军将领同时感叹，俄国人能制造出这样好的武器，为什么却不知道怎样很好地使用它？

德军出现了其称为“T-34恐慌”的危机感后，国内工厂马上向前线输送安装了50毫米口径长身管的Ⅲ号坦克，此坦克能够在较近距离打穿T-34坦克的前装甲和KV坦克的侧装甲。此外，德军在现有坦克前面都安装了10毫米左右的附加装甲，虽然增加了车重并影响了一些机动性，但能让苏军轻型坦克的45毫米炮难以将其打穿。

从1941年6月下旬至10月，德军在“闪击”苏联

描绘“巴巴罗沙”计划开始时的绘画。画面表现冲入苏境的德军捷克制LT-38轻型坦克傲然前进并抓到不少俘虏。

的“巴巴罗沙”计划中取得战史上少有的战果，共歼灭苏军200个师以上，并主要通过白俄罗斯、斯摩棱斯克、基辅和维亚兹马等几次大合围俘虏了苏军200余万人（德军所宣布的俘虏360万人包括众多民工和随军人员等），苏军损失的坦克超过2万辆（这相当于德军损失量的10倍）。10月中旬至11月末，德军兵临莫斯科城下，苏联到了最危急的关头。

苏军坦克部队为什么会遭受如此惨败呢？除了战前麻痹、遇袭后的恐慌情绪、“大清洗”造成的政治僵化和作战时外行瞎指挥等因素外，坦克兵的训练和使用也存在重大弊端。

苏军的装备长期有着计划经济模式下重数字、轻效益的弊病，其只热衷于增加武器数量。苏军坦克驾驶员训练时间不及德军的1/3，坦克发动机寿命也大多很短。苏军装甲部队结构不合理，缺少运载机械化步兵的装甲车，导致坦克缺乏掩护协同。德军装甲部队规模虽小却“五脏俱全”，有装甲车运载的机动步兵伴随，并有空军和炮兵密切协同。苏联无线电产业又远比德国落后，坦克单车没有电台，相互之间要用旗语指挥，步兵和坦克联络甚至主要靠用枪托敲钢甲。德军坦克单车却都装有电台，作战协同能力远胜苏军坦克单车。

苏军的许多装甲部队指挥官不懂得装甲作战的精髓，其坦克个体性能优

描绘开战初期苏军坦克手被德军俘虏的画面，远处是燃烧的T-34坦克。

异，却总是零星投入战斗，无法“握成拳头”，容易被将坦克、炮兵、步兵融为一体的德军装甲部队一口口吃掉。

此外，战争初期德军掌握了制空权，大量苏联坦克是被德军有“坦克杀手”之称的J-87“斯图卡”俯冲轰炸机低空攻击摧毁的。据德军轰炸王牌鲁德尔所称其战绩是击毁过519辆苏联坦克，虽然其中可能有夸张成分，不过空中打击的确是对苏军装甲车辆的头号威胁。苏军战后的一项总结是“没有空中掩护，坦克作用不大”。过去许多军事评论家认为，任何其他国家若是遭受到苏联在战争初期的惨重损失，早就崩溃了。苏军在坦克损失大半的情况下，不仅表现了俄罗斯等民族的坚韧性，又从中汲取了经验教训，在莫斯科保卫战中开始摸索出对抗德军坦克的有效办法。纳粹德军的坦克在横扫欧洲时，在两年多的时间内异常猖獗，无人可挡，最终在莫斯科城下走向败北。

苏联T-34坦克打光了炮弹后，靠装甲厚的优势撞毁德军的捷克制坦克的画面。

第肆章

挫败

反法西斯盟军挫败德国坦克

纳粹德国靠着用飞机、坦克“闪击”突袭的独特战术，横扫西欧并占领了苏联西部，让对手在交战之初就吃了大亏。不过，法西斯主义的侵略性、冒险性导致其树敌太多，有限的资源也限制了其坦克的产量，1942年苏、美、英三国的坦克产量合计为德国的10倍，那些性能超强的“虎”式坦克、“豹”式坦克也无法扭转德国失败的命运。

德国装甲兵“不可战胜”的神话破灭于莫斯科

1941年10月上旬，德军集中了180万军队对莫斯科发起总攻，其4个坦克集团军（由坦克集群改称）有3个被调到这一方向，共有1500辆坦克。苏军保卫莫斯科的部队起初有125万人，780辆坦克。

此时苏军坦克拥有量急剧下降，是因为此前损失太多，两个最大的坦克厂——列宁格勒坦克厂（主要生产KV坦克）、哈尔科夫坦克厂（T-34坦克的诞生地）又在向东部欧亚之交的乌拉尔搬迁，结果出现了“青黄不接”的状态。

幸运的是，苏联坦克厂的生产设备都得以迁移。德军冲进哈尔科夫坦克厂厂房后惊讶地发现，不仅看不到一台车床，连一颗螺丝钉都找不到了！不过搬迁过程中，全苏坦克产量由此前的每月1000辆下降到400～500辆，前线的坦克损失只能得到少量补充。

此刻苏军中有一些人斗志动摇，指挥呆板又使部队只成一线配置，德军坦克突破后很快形成了维亚兹马、布良斯克两个包围圈。据德军宣布，2周内俘虏苏军66万人，俄罗斯后来解密的历史档案记载苏军阵亡、失踪人数总计接近50万人。10月12日，德军接近莫斯科80公里处，纳粹宣传部还下令报纸次日留出版面，准备刊登占领莫斯科的消息。

前线危急时，苏军有些坦克部队总结经验教训改进战术，也取得了一些胜利。当德军古德里安指挥第2坦克集团军冲向莫斯科南部的图拉城时，苏军卡图科夫上校带领刚组建的独立坦克第4旅前往阻击。这位上校没有采取过去的正面“硬顶”战术，而是在公路两侧隐蔽处构筑工事，并对坦克进行伪装，设置了伏击圈。

10月6日晨，德军150辆坦克趾高气扬地沿公路开来，苏军先以反坦克炮迎面阻击，德军坦克一面开火，一面开足马力向对手的纵深阵地冲去，大都进入伏击圈。苏军以BT-7轻型快速坦克和T-34坦克从侧面出击。德军坦克的优势在密林间狭窄的公路上施展不开，成了苏军的活靶，仅留布什金上士的1辆坦克就击毁德军坦克9辆。经过12小时激战，苏军独立坦克第4旅击毁德军坦克43辆。接着，德军以空军轰炸报复，并掩护坦克步兵协同攻击，苏军独立坦克第4旅则后撤变换阵地，继续实施侧翼伏击。

卡图科夫上校指挥的坦克第4旅通过设伏打击一撤退再设伏的方式，在8个昼夜的阻击战斗中6次变换阵地，击毁德军坦克共133辆，使德军2个装甲师和1个摩托化步兵师的进攻停顿下来。这一仗是苏军坦克部队开战后打得最灵活的一仗，说明其已改变了过去呆板的战术。后来成为苏联坦克兵元帅的卡图科夫，也因重创古德里安的先头部队而一战成名。

坦克伏击战术的创立者，两次荣获“苏联英雄”称号，后来成为苏联坦克兵元帅的卡图科夫（左）。他以重创古德里安的先头部队而一战成名。

10月中旬以后，莫斯科附近阴雨不止，德军车辆大都陷入泥泞而停顿下来。11月7日，在十月革命节这一天，斯大林仍按惯例在红场检阅了苏军，这极大鼓舞了苏联军民的斗志。

11月中旬地面完全冻结，德军再度发起攻击。此时已到了俄罗斯严寒时节，苏军士兵普遍穿得很暖，德军却有许多人没有得到冬装，在严寒中不停发抖。德军坦克和汽车的发动机不经生火预热就无法开动，坦克瞄准手在光学窥镜上看到的往往是白茫茫一片，射击时难以看清目标。

德军此时交通线拉长，还遭到苏联游击队袭击破坏，油料、弹药都不足。德军野战机场又不擅长冬季保养，飞机大多难以起飞。苏军利用莫斯科机场群的良好保障条件和飞机数量优势，首次在莫斯科前线掌握了制空权。

12月5日，德军下令停止攻势准备休整，而朱可夫指挥下的苏军却在12月6日展开总反攻。这一方向苏军总兵力为102万，还少于德军的1/3，投入的600辆坦克也比德军的坦克数量少。不过苏军坦克油料充足，T-34坦克的宽履带又适合在雪地上奔驰，而德军坦克的履带窄，难以离开道路。反攻开始后，苏联坦克配合着大批滑雪队迂回到德军后方，古德里安等将领认为再坚守势必要覆没，便不听元首命令后撤了200多公里。愤怒的希特勒将他们撤了职。但从德军角度看，退到有利阵地其实是唯一正确的选择。

苏军反攻时有了局部空中优势，尤其是投入了大量伊尔-2强击机轰炸扫射地面的德军，随后苏联人便看到上万辆德国车辆被击毁在拥挤的路上。德军抛弃了大量出现故障和没有油料的汽车、坦克，苏军缴获了超过10万辆开不动的汽车和2900辆坦克（其中大多已被破坏）。1942年初德军统计显示，东线可用的坦克只剩140辆，可惜此时苏军反攻的力量也近乎耗尽。

莫斯科会战的胜利证明，夺取了制空权，再加上供应和保障及时，苏军反而能以数量少的坦克击败数量居优的德国装甲部队，说明建设坦克部队不能只追求数量。

纳粹德军在莫斯科城下首次出现大败退，广大苏联军民从此相信“可怕的古德里安、冯·克莱斯特也是可以打退的”。德军丢弃了坦克的乘员大都存活下来，而德国坦克

表现莫斯科城下苏军反攻的油画，前为德军丢弃的坦克。

1942年夏天德国Ⅲ号坦克（装配50毫米炮）向苏联纵深突击的画面，前面是被击毁的T-34坦克。

画中的Ⅲ号F型突击炮，是德军在Ⅲ号坦克的车体上安装75毫米炮制成的，其火力和装甲都能与T-34坦克抗衡。

工业因研制的新型坦克还不能很快定型，只得对现有坦克进行改型生产。

德军装备量最大的Ⅲ号坦克的炮塔设计容量有限，将短身管的50毫米炮换为长身管炮后就没有太大的改进空间。德国除继续生产Ⅲ号坦克外，还将一部分车体改为不带炮塔的强击炮（苏联称其为“自行火炮”），装配1门75毫米的身管43倍于口径的火炮。德军很喜欢这种称为“突3”的强击炮，因为它车体低矮，减少了中弹面，前装甲增厚到50毫

苏联的《莫斯科保卫战》全景画表现了T-34坦克伴随着步兵投入保卫首都的作战。

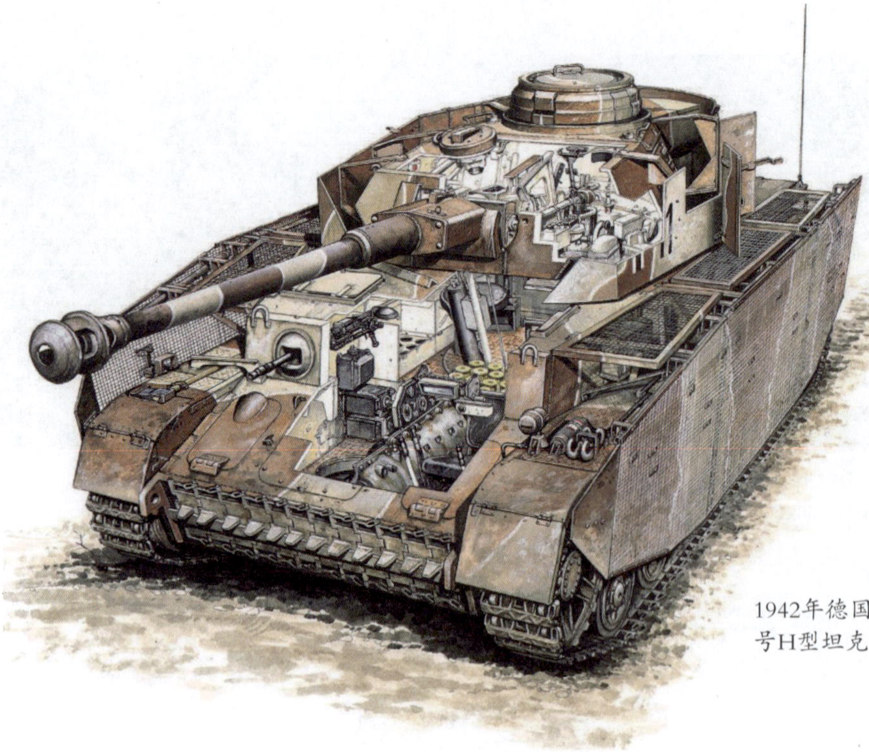

1942年德国改装了75毫米长身管炮的IV号H型坦克剖面图。

米，火力又强，只是因没有炮塔而不能灵活地向四面射击，只适宜在较远的位置定点攻击目标，不便于近战。

Ⅳ号坦克的炮塔大，德国工厂将其原来的身管长仅为口径的24倍的75毫米榴弹炮换掉，改装43倍于口径的75毫米反坦克炮，成为Ⅳ号G型。它的前装甲增厚到50毫米，重量增加到26吨，时速仍为40公里。由于德国光学仪器水平居世界之冠，因此该车的瞄准系统也优于别国坦克。虽然其装甲和机动性还不如苏军的T-34坦克，但综合性能却能与之抗衡。Ⅳ号坦克成为德军装甲兵的主力，一直生产到战争结束前。

斯大林格勒会战出现苏德坦克战转折

纳粹德国虽在莫斯科城下失败，但其经济实力还是远超在撤退中刚丧失一半以上工业产能的苏联。1942年春德军恢复了元气，其空军凭借飞机性能先进和技术熟练又掌握了制空权。德军在役的4200辆坦克有近3/4集中到东线，并有作战兵力340万人（另有100多万仆从军），和前线的500万苏军相比，德军拥有技术和军事素质方面的优势。

当时苏联前线坦克总数约为5000辆，其中T-34坦克产量不足，KV-1坦克数量更少且得不到部队好评，汽车厂便基本停产民用卡车而生产T-60和T-70这两种轻型坦克。

其重量分别为6.5吨和10吨，年内共生产了1万辆，因为火力弱、装甲薄，只适合侦察和配合步兵作战。

对前线急需的T-34坦克，苏联军工业在保证火力、防护和机动性的前提下，在组件上尽量简化，大大降低了成本并提升了产量。按美元折算，1942年所产的装配76毫米炮的T-34坦克造价为1.5万美元，而德国的Ⅳ号为3万美元，后来的“豹”式坦克为6万美元，“虎”式坦克则为8万美元。另外，T-34坦克的制造工时也比德国坦克少得多，在1942年那个最艰苦困难的年份就令人惊讶地生产了1.3万辆（其中9000辆在下半年生产）。

在1942年夏天的苏德战场上，双方主力坦克的性能已经接近，这从下表中可以看出。

型号	吨位	火炮口径	装甲厚度
T-60（苏联）	6.5吨	20毫米	前16毫米，侧后6~8毫米
T-34（苏联）	26.5吨	76毫米	前70/45毫米，侧后35毫米
Ⅳ号（德国）	26吨	75毫米	前50/30毫米，侧后25~30毫米

这幅画描绘的是1942年下半年简化制造工艺的T-34坦克，该车此时成为苏联坦克军的主力车型。

1942年5月，德军在哈尔科夫会战中消灭苏军20多万人，击毁和缴获坦克1000多辆，接着以装甲部队为先导向南俄平原推进，锋芒直指斯大林格勒和高加索。苏军坦克部队连遭失败，主要原因还是没有制空权，加上组织不善、通信协同能力差等弱项没有解决。此时苏德坦克损失比为6：1，重要原因是节节败退时苏军无法将战损车辆拖回。德军处于推进态势，其战损的坦克在战斗结束后大多能修复再战。据当时的统计，在战场上被打坏的坦克通常有2/3可以修好，不过这要以控制战场为前提。

7月中旬，德军逼近斯大林格勒，经激战后于9月13日攻入市区内，人类战争史上最激烈的巷战就此展开。城内有苏联著名的拖拉机厂，战时已转产坦克。战斗逼近工厂时，工人们仍在工作，一些先前还未造好的坦克此时已完工，并由工人志愿兵驾驶，直接从生产线上开到了战斗前线，甚至来不及涂上油漆和安装射击瞄准镜，炮手靠从炮口观察开火。

斯大林格勒是新建的工业城市，楼房林立，德军坦克在狭窄的街道上不能像在平原上那样驰骋，其过去所擅长的集群大纵深穿插作战难以施展。德国坦克分散后，极易遭到苏军反坦克手来自侧方和上方的打击。

城内的苏军坦克虽然数量少，却熟悉地形，坦克指挥官们还积极开动脑筋创造了一系列坦克新战术。如坦克“游击战”，就是将坦克编成若干行动小组，每个小组包括3~5辆坦克，突然出现后抵近射击德军坦克和步兵，然后迅速隐蔽；坦克“掩体战”，就是将

表现斯大林格勒拖拉机厂激战的油画，T-34坦克从生产线上开下来便直接投入城市保卫战。

图为苏军坦克在斯大林格勒发起反攻的画面，此役彻底歼灭了被围的德军第6集团军。

车体损坏而火炮还能射击的坦克隐藏在伪装掩体内，作为固定的火力点打击德军。

斯大林格勒防御战期间，苏军装备了国产新型的拉-5战斗机和美英援助的P-39“飞蛇”战斗机，飞行员作战水平也大大提高。11月上旬，苏联空军总司令诺维科夫将军报告有把握夺取制空权，斯大林就此指示：“战争经验表明，对德军的战斗活动只有在具备空中优势的条件下才能取得胜利。”随后苏军能集中坦克实施反攻，正是由于有了空中掩护。

1942年11月19日，苏军1100门火炮和“喀秋莎”火箭炮齐声怒吼，近千辆T-34坦克和KV坦克带着浑身的积雪向德军两侧的罗马尼亚军阵地冲来。无心为德国卖命的罗马尼亚军顷刻崩溃，士兵们边跑还边喊：“俄国坦克来啦！”

陷在斯大林格勒巷战中的德军发现后方被包抄后，其坦克部队因前一段时间攻城损耗严重并缺少油料，仅能调动不足200辆前往拦击，很快就被苏军的装甲洪流吞没。

11月23日，苏军坦克掩护步兵在斯大林格勒以西80公里处完成了合围，27万德军落入了“大锅”。12月12日，曼斯坦因元帅指挥的德军解围部队以230辆Ⅲ号坦克和Ⅳ号坦克打头阵，向斯大林格勒包围圈冲来。不过，苏军组织了反坦克炮、坦克结合的纵深防御，12月16日德军的先锋装甲团同T-34坦克群发生激战，结果丢下50辆被毁坦克狼狈后撤。

这幅画描绘的是1942年12月，苏军T-34坦克搭载步兵快速向德军塔秦斯卡亚机场进攻。

苏军一个坦克军突袭德军塔秦斯卡亚机场，沉重打击了德国空军对斯大林格勒的空运补给。

在阻击德国解围部队时，苏军成立的第一个坦克集团军——第5坦克集团军以450辆坦克向曼斯坦因部的侧后迂回。12月24日，苏军第24坦克军在一天内迅猛前进70公里，冲入德国空军南线最大的运输基地塔秦斯卡亚机场，一举击毁运输机70架和许多战斗机，还击毙和俘虏了许多飞行员和地勤人员。想解围的德军自己也面对被围的威胁，只得仓促撤逃，被围在斯大林格勒的德军丧失了救援希望，至1943年2月2日全部投降。

1943年1月31日，在斯大林格勒的德国保卢斯元帅投降后被带入苏军第64集团军司令部的历史照片。

斯大林格勒会战是苏德战争乃至整个第二次世界大战的转折点，也是苏军坦克部队成长壮大的一个转折点。苏军战时高效的军工生产能力，又为增强反攻力量奠定了基础。1942年内德国只生产了5600辆坦克和强击炮，而苏联生产的坦克却达到2.4万辆。在反攻阶段，苏军坦克部队的指挥水平又大为提高，不再像战争初期那样呆板，作战时灵活机动，人的素质的提高与坦克数量优势相结合，就能打败野心大而实力不足的纳粹军队。

海空封锁决定了北非沙漠战结局

纳粹德国肆虐欧洲时，也派出一支不大的装甲部，由隆美尔指挥进入非洲北部，在以沙漠为主的地带进行了2年以坦克战为主的交锋。

意大利阿瑞特装甲师装备的M13-40轻型坦克是意军最好的坦克。

1940年9月，狐假虎威的意大利看到德国在欧洲获胜，也想一举占领作为英国势力范围的北非。意军因国内军工业并不是很发达，装备最多的还是仅3吨的C33轻型坦克，子弹就可穿透其装甲，被官兵戏称为“胭脂盒”和“沙丁鱼罐头盒”。意军的M13-40坦克是其最好的坦克，重14.3吨，装配1门47毫米火炮，时速为38公里。

英国在北非参战的主要是玛蒂尔达-Ⅱ型步兵坦克，其重26.9吨，装配1门40毫米口径炮。还有一种“十字军”坦克，其重20吨，装甲厚24~49毫米，也装备1门40毫米口径火炮。这两种坦克的性能都远优于意大利坦克。

表现苏军在斯大林格勒城内反攻的绘画。

1941年11月，英军号称“沙漠之鼠”的第7装甲师向德军反击，其所用的坦克还是玛蒂尔达中型坦克。

英国“十字军”坦克在北非作战的画面。

近代一直欠缺尚武精神的意大利官兵缺乏斗志，战况一不妙便投降保命。1941年1~3月，英军以5万人的部队俘虏意军13万人。此战英军第7装甲师居首功，其赢得了“沙漠之鼠”的称号，此后几十年内（直至1991年海湾战争）其都是英军装甲兵的主力。

希特勒看到“猪队友”墨索里尼如此无能，为稳定南翼，派出隆美尔中将率军渡海进入利比亚。1941年4月初，德军刚运到北非的1个装甲师就以突袭歼灭英军1个装甲师和1个印度旅。6月间，隆美尔指挥2个装甲师，出动以Ⅲ号和Ⅳ号为主体的150辆坦克便击溃了英军装备300辆坦克的3个师，兵锋直指埃及。同年12月，由于海运一度遭英军切断，德军因供给不济而撤回利比亚。

1942年以后，德军向北非投入有75毫米长炮管的Ⅳ号G型坦克，这是表现这种新型坦克成为突击主力的油画。

美国的M3“格兰特”坦克的剖面图，可看出有双炮的怪异设计。

1942年初，隆美尔指挥的德国非洲装甲集群得到增援，有了200多辆坦克，主力又是新生产的装配75毫米炮的Ⅳ号G型坦克，此外还有230辆落后的意大利坦克支援。当面英军人数比德军多1倍，有坦克849辆，其中近400辆是美国新援助的M3“格兰特”中型坦克，还有420辆坦克作为预备队。不过此时英国在北非的坦克主炮多为40毫米口径，难以打穿德军坦克的装甲，美国的M3“格兰特”坦克成了对抗德军坦克的主力。

M3“格兰特”坦克有双炮的怪异设计，是第一次世界大战中“阵地战”思想的表现。其车体上安装了不能转动的75毫米口径榴弹炮，炮塔装有37毫米反坦克炮。这种分散火力导致两炮都不强，而且需要7名乘员。该车重27.9吨，最大时速为34公里，前装甲防护厚度为89毫米。在坦克战中，M3“格兰特”坦克只适合远距离用大口径炮打德国坦克，一旦近战就往往会挨打。

在1942年的夏季作战中，20万人的英联邦军面对只有4个师、7万人的德军进攻一败再败，退到埃及靠近苏伊士运河处，隆美尔因此被希特勒破格升为元帅。

美国M3“格兰特”坦克装备非洲英军的画面。其车体一侧的75毫米口径榴弹炮因能对付德军坦克而广受欢迎。

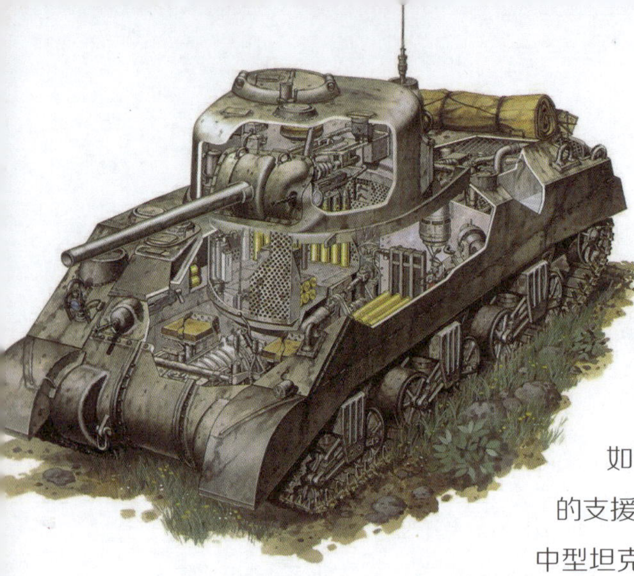

美国M4“谢尔曼”坦克剖面图，内装多达70发炮弹。

隆美尔此时因地中海航线受封锁，前线供应不济而抱怨说：“给我一根元帅手杖，不如给我一个师的援兵。”英联邦军却得到源源不断的支援，尤其是美国运来300辆最新型的M4“谢尔曼”中型坦克，在数量上、质量上都形成对德意联军的压倒性的装甲优势。

美国发达机械工业的结晶M4“谢尔曼”坦克，号称“第二次世界大战中性能最可靠的坦克”。它还拥有几项世界领先技术——炮塔转动速度最快，转一周只需要10秒；是当时唯一装备火炮垂直稳定仪的坦克，能在行进间保证准确射击。M4“谢尔曼”坦克重30.3吨，有乘员5人，装配75毫米火炮，最大时速为48公里，装甲最厚处为76毫米，最薄处为13毫米。其弱点是火炮穿甲力还不足，但对付Ⅲ号坦克和Ⅳ号坦克却绰绰有余。

表现隆美尔指挥德国非洲军的油画，他的右面是德军的Ⅲ号坦克。

德国早期的“虎”式重型坦克投入北非战场的画面。

美国制造的M4“谢尔曼”坦克装备英军的情景画。

1942年10月中旬，英联邦军集中23万人、1440辆坦克，在占有绝对优势的空军掩护下在阿拉曼同德意联军决战。当地德意联军只有10万（6万为德军），隆美尔在后援断绝的情况下率部向西撤退了2200公里，到达突尼斯同渡海前来增援的10万德军会合，才暂时立住脚。

为保住北非最后的阵地，希特勒将20辆德国刚研制成的“虎”式坦克即Ⅵ号重型坦克编为第501重坦克营，用船运到北非。2辆重56吨的“虎”式坦克首次登场，便消灭了14辆英军的“斯图亚特”坦克，德军自己无一损失。1943年，“虎”式坦克同美军首次交锋，美军的炮弹根本打不穿“虎”式坦克，但美军9辆M4“谢尔曼”坦克却迅速被击毁。

1943年2月19日，德军展开北非地区最后一次大规模坦克战即凯塞林山口之战，美军坦克名将巴顿手中的装甲兵根本不是其对手。“虎”式坦克一马当先，摧毁美军183辆坦克和208门火炮，美军最后总结其装甲兵登上战争舞台是以失败为先导的。

局部的小胜利，并不能改变德军的整体颓势。2月下旬，50万英美盟军向德意军发起总攻。德军海运断绝后，坦克也失去油料、弹药，英美盟军的2000多辆坦克如潮水般涌来。隆美尔乘飞机回德国求援后，欲战无力、欲逃无路的德意联军至5月12日全部投降，25万人（德国人、意大利人各一半）当了俘虏。剩余的几辆“虎”式坦克也被英国运回国内展览并研究。

“豹”式坦克的剖面图。

“虎”“豹”登场也不能扭转德国的败局

斯大林格勒会战结束后，墨索里尼和德国外长李宾特洛甫都向希特勒建议尽快同斯大林讲和，再集中力量对抗英美，如此还能保住西欧。希特勒却认为必须再打一次大胜仗，才能签订有利于德国的和约，而他想翻盘的重要筹码又是刚研制出的“虎”式坦克和“豹”式坦克。

德国研制新一代的重吨位、强火力的坦克，是在受到1941年7月苏联T-34坦克投入战场的刺激后开始的，由名牌汽车企业戴姆勒-奔驰公司、保时捷公司负责。新型坦克的目标是对付英美盟军坦克，打破过去重机动的设计理念，突出火力和装甲，形成“由轻到重”的转变。

1942年夏天，Ⅵ号坦克即“虎”式重型坦克研制出试验型，重达56吨，有乘员5人，最大时速为40公里，前装甲厚度为110毫米，侧装甲也达70毫米，装配88毫米口径（身管56倍于口径）的反坦克炮。在当时各国坦克中，“虎”式坦克有最强的火炮、最厚的装甲，缺点是结构复杂和故障率太高。1943年1月，1辆“虎”式坦克在列宁格勒的实战测试

“虎”式坦克的剖面图。

中抛锚，苏军经过激战将其抢来，使这种“秘密武器”在正式参战的半年前就完全曝光。

“豹”式坦克定型晚一些，是专门针对苏军T-34式坦克而研制的，德国将其定性为中型，按苏联标准应算重型。它重44.8吨，有乘员5人，最大时速为55公里。“豹”式坦克的外形学习了T-34坦克，采用倾斜式装甲，最大装甲厚度为80毫米，装配1门75毫米的身管70倍于口径的加农炮。该炮装配高速脱壳穿甲弹后的穿甲威力据称不亚于“虎”式坦克的88毫米炮。“豹”式坦克的吨位还不算太重，机动性较好，火力、装甲也强于当时的苏军各型坦克，许多专家认为它才是第二次世界大战中单项性能最好的坦克。

后来苏军在战场上缴获了“虎”式坦克，都嫌它们笨重且难以保养，将其统统送到钢厂回炉，但却偏爱“豹”式坦克并予以留用。

此时希特勒已陷入病急乱投医的精神状态，还想开发威力更大的车型。德国工厂仓促推出一种重69吨的“费迪南”强击炮，装配1门88毫米的身管70倍于口径的火炮，前部装甲厚200毫米，当时世界上的所有反坦克炮都难以将其打穿。它被当成“攻城槌”，不过其过于笨重，车上没有炮塔导致火炮无法转动，因而只生产了90辆。

由于新坦克产量少，因此德国继续生产以Ⅲ号坦克底盘安装75毫米炮的强击炮，Ⅳ号坦克则改装身管为口径的48倍的75毫米反坦克炮，这两种战车在德军装甲部队中仍占最大比例。

德国同时研制生产几种坦克，导致科研力量和资源分散，每一种产量都不会很高。苏联在战时一直生产T-34坦克但不断改进性能，倒是能保持很高的产量。

进入1943年后，苏联坦克军已换成了清一色的T-34坦克和KV坦克，指挥和通信系统日益完善，单车开始安装电台，基本告别了依靠旗语联络的原始状态。不过，这年1月缴获到“虎”式坦克后，苏联感到过去的坦克性能优势已失，T-34坦克和KV坦克的76毫米口径坦克炮难以打穿“虎”式坦克和“豹”式坦克的正面装甲，于是决定改进车型以安装85毫米炮。

希特勒视察新制造的“虎”式坦克的照片。

画面上的德国“费迪南”自行强击炮（69吨）安装了88毫米加农炮，有“攻城槌”的绰号，但因数量少和机动力差未能突破对方阵地，自身也损失大半。

这幅画描绘了德军第4装甲集团军的“豹”式坦克引导步兵向苏军阵地冲锋的场面。

苏联在改装期间，因新坦克一时未定型，又采取了临时措施，即利用T-34坦克和KV坦克的车体分别安装了122毫米、152毫米口径的榴弹炮以对付德军坦克。经试验，大口径榴弹落在“虎”式坦克、“豹”式坦克的装甲上虽然难以将其贯穿，但命中位置恰当时，仍能将乘员震得一时昏迷或鼻口出血。

1943年7月，苏军一线坦克有9000多辆，德军只有4000辆，苏军的飞机在性能上仍不如德国，于是其以数量优势抵消敌人的质量优势。双方都将主力集中到库尔斯克突出部，德军一侧有90万人和2700辆坦克，苏军则有130万人和3600辆坦克。不过，苏军还有60万人和2400辆坦克的预备队，德军却几乎没有什么预备队。

从7月5日至8月23日，在库尔斯克宽度不过60公里的平坦草原上，双方投入近300万大军展开会战，近1万辆坦克在这个地区进行了世界战争史上规模空前的坦克大战。

会战第一天，追求“高精”的德国人就暴露出一个毛病，那就是忽视了战场上“只有成熟的技术才是可靠的”的规律。首次参战的“豹”式坦克有一半出了故障待修，各种坦克的履带又屡屡被遍布的地雷炸断，苏联乘机让坦克冲来打击不能移动的“死虎”“死豹”，同时以伊尔-2强击机从空中打击德军坦克装甲比较薄弱的顶部。

德军在库尔斯克进攻时，“虎”式坦克、“豹”式坦克依仗装甲厚打头阵，掩护后面的Ⅳ号坦克、突3强击炮。苏联的T-34坦克的76毫米坦克炮打不穿德军“虎”式坦克、“豹”式坦克的前装甲，只得待德国坦克接近后依靠数量多、速度快的特点蜂拥而上，绕到侧后打比较薄的侧装甲和后装甲。在双方坦克咬成一团的混战中，苏军往往损失5~6辆

图中描绘了世界战争史上最大规模的坦克会战——库尔斯克会战中苏德坦克激战的场面。

表现“虎”式坦克在库尔斯克大规模参战的油画。

T-34坦克才能摧毁1辆对手的重型坦克。坦克打坏后，苏德两军的坦克手又爬出车外，用折叠冲锋枪、手枪射击，拼完子弹就用铁铲、钢刀甚至是牙齿、拳头搏斗。

苏军炮兵此时也在掩体内打击德国坦克，装备最多的76毫米加农炮难以打穿对方的装甲，自己还被摧毁不少，但拖慢了敌军的进程。在苏军各兵种结合的阻击下，德军经过6天进攻，在库尔斯克北面仅前进了12公里，在南面只前进了30公里，但损失了半数坦克。

德军“豹”式坦克在库尔斯克会战中首次参战，虽战斗力不凡，却因技术不成熟多数出现故障。

在库尔斯克会战中，苏军因坦克炮难以打穿德军的“虎”式坦克、“豹”式坦克而改以自行火炮上阵，图为苏军SU-122型自行火炮在对抗“虎”式坦克。

这幅油画描绘了T-34坦克和“虎”式坦克在普罗霍罗夫卡进行“贴身肉搏”的激烈场面。

1943年7月12日，苏德两军在一个叫普罗霍罗夫卡的村庄旁边爆发了第二次世界大战中最大的一次坦克战斗。苏军出动850辆坦克，德军则投入了650辆坦克。双方在15平方公里内进行了一天坦克“肉搏战”。此战损失数字有多种说法，不过苏军坦克战损肯定大于德方。战斗结束时，德国SS装甲军（即党卫军）在傍晚丢弃损坏的战车后撤退，苏军认为在库尔斯克取得了坦克战的决定性胜利。随后苏军便转入反攻，德军则节节后退。

从战后公开的档案看，库尔斯克会战中苏军伤亡84万人，德军伤亡34万人，不过，最后的胜利者是苏联。德军败退时，有1500辆因作战和故障损失的坦克无法拖走，只能丢弃。苏军先后投入战场的7000多辆坦克战损4000多辆，却因控制了战场，很快就将一半以上的坦克修好再战。

德军在库尔斯克损失的坦克靠生产还能弥补，但丧失的多数有经验的坦克手却难以在短期内培训出来。恰如“好虎敌不过群狼”这句俗语所形容的，德军单车的性能优势不能改变数量劣势所造成的败局。苏联著名的科涅夫元帅后来曾形象地比喻说：“库尔斯克会战是德国装甲兵这只天鹅在临死前最后动人的鸣叫。”

表现苏军坦克部队指挥员信心十足、指挥干练的图画。

第伍章

钢铁战车洪流 吞没法西斯

世界反法西斯战争主要分为欧洲、亚洲这两个主战场（北非只是很小的分战场），盟军在粉碎德国、日本这两个法西斯侵略国时，都以坦克作为主要地面突击武器。日本的坦克工业一直很弱，同反攻的盟军进行装甲交锋时根本不是其对手。纳粹德国研制了当时世界上最精良的坦克，却因数量太少加上大势已去，也被东西两面夹攻的盟军坦克所吞没。

1941年12月，在菲律宾吕宋岛作战的日军“九五”式轻型坦克，后面是被击毁的美国M3A1“斯图亚特”轻型坦克。

日本的轻型坦克无法与对手正面交锋

当坦克主宰欧洲战场时，太平洋战争爆发前的日本和美国还都没有重视地面战车，而将舰艇、飞机的研制和生产放在首位，认为有了制海权、制空权就能控制海洋。但此后的实战却证明，海洋争夺战离不开岛屿争夺，在岛屿争夺中仍需要坦克作为机动的装甲火力点。

日本制造了世界最大的军舰“大和”级战列舰，所产的坦克却全是轻型的，如在诺门坎之战后生产1500辆“九七”式坦克作为装甲兵的主力。美国在战前只装备了460辆配备37毫米炮、重13吨的M2轻型坦克。不过，1939年以后看到欧洲战争爆发，美国也开始研制中型、重型坦克，但进展很慢。

1941年12月7日，日本偷袭珍珠港，同时向英国所占领的马来亚和美国占领的菲律宾进攻。12万日军登陆马来半岛后，集中3个坦克联队的211辆“九五”式坦克、“九七”式坦克，以“电钻”方式向英军猛攻。日军轻型坦克适合用于穿越较差的道路，又以“自行车兵团”相伴，55天内就推进了1100公里。

防守马来半岛的英军多达14万人，拥有近100辆轻型坦克，却在丧失制海权、制空权

表现日军九五式坦克穿越马来亚丛林向南攻击的油画。

后斗志涣散，逃到新加坡后全部投降。在菲律宾的日军轻型坦克也没有遇到强大的对手，美军的M2轻型坦克装甲薄、火力差，还不如日军的“九七”式坦克。当地美军失去了海空救援后，在1942年4~5月间全部投降。

日本当局通过马来亚之战也认识到坦克的重要性，在“九七”式坦克的基础上相继推出“一”式、“三”式、“四”式和“五”式4款中型坦克。1944年参照德国技术造出的“四”式坦克样车，质量已接近世界先进水平，全重为18吨并装配75毫米炮。不过，这时日本资源匮乏，军工生产强调“超重点主义”，只保障最急需的飞机和舰艇的生产，对于“四”式坦克则没有力量组织批量生产。

战争末期日本设计出“四”式坦克，但因资源不足只造出几辆样车。

美国在瓜达尔卡纳尔岛以M2A4轻型坦克攻击日军步兵的画面。

美军在塞班岛登陆时，“谢尔曼”中型坦克被坦克登陆艇直接送上了滩头。

太平洋战争期间，美国生产了10.3万辆坦克（大部分是中型坦克），日本只生产了2500辆坦克（基本都属轻型坦克）。虽说美国所产坦克一大半用于对德国作战，日军一部分坦克也用于对中、英、澳作战和防范苏联，但美军在战场上的坦克数量是日军的几十倍，质量上也占有绝对优势。

1942年8月7日，美国海军陆战队第1师在瓜达尔卡纳尔岛登陆，以百余辆M2A4轻型坦克协助步兵攻击日军。当时日军坦克和反坦克炮都未能运上岛，只好让士兵采用自杀式的“肉弹”战术，用炸药包、手雷来同坦克拼杀。美军步兵与坦克相互掩护，使那些崇

日军驻扎在塞班岛上的“九七式”坦克向美军登陆滩头发起反击的画面。

表现日军在菲律宾负隅顽抗时将坦克当作固定火力点使用的画面。

尚武士道的狂徒很快被坦克火力和碾压消灭。战斗结束后，美军坦克的履带上都溅满鲜血和碎肉，被人称为“绞肉机”。

1944年6月美军进攻塞班岛时，32吨重的M4“谢尔曼”中型坦克已替换了轻型坦克，对付永备工事和地堡时还配备了喷火坦克。美军登陆后，日军第9坦克联队集结所有的“九五”式坦克、“九七”式坦克向美军发起反突击，在6月17日清晨进行了一场岛上坦克战。

美军发现日军坦克群后，马上呼唤海军，岸边军舰的舰炮立即实施覆盖性轰击，日军的大批坦克当即被炸毁。有些日军坦克冲近滩头遇见美军坦克，其37毫米坦克炮和47毫米坦克炮打不穿“谢尔曼”坦克的装甲，而美军坦克的75毫米炮却能像开罐头一般轻易打穿日军的各型坦克。岛上的日军龟缩到各个角落顽抗，美军又出动坦克掩护步兵扫荡了残余敌兵，全歼日本守军3万多人。

1944年10月美军登陆菲律宾，进行了太平洋战争中规模最大的战役。日军事先将其3个坦克师团中的第2战车师团调到菲律宾，待美军上岸时，日军以30辆“九七”式坦克、“九五”式坦克和特二式水陆坦克实施反击，很快就被“谢尔曼”坦克摧毁。日军便把坦克半埋在地下，只留下炮塔露在地面并伪装起来，准备伏击美军坦克。但菲律宾游击队把日本坦克的位置报告给了美军，美国飞机马上进行密集轰炸，将其多数炸毁。乘坦克逃跑的日军第3战车旅团长重见伊三雄的座驾也被追上的美军“谢尔曼”坦克连击几炮，当场车毁人亡。

表现美军搭载步兵的“谢尔曼”坦克向冲绳岛纵深突击的油画。

表现苏军出兵东北的油画，后为苏联的SU-122自行火炮，前面是被击毁的日军“九七”式坦克。

日军丧失坦克后，想上山持久作战，但不少人受疟疾和赤痢的折磨，想打“游击战”却跑不动。在菲律宾作战中日军共死亡49万人，这是其在第二次世界大战中死亡军人最多的战场。美军在菲律宾作战中阵亡不过1.5万人，另有6万人负伤。双方损失如此悬殊，除美军有占据绝对优势的海空力量外，坦克有效配合步兵也是重要因素之一。

1945年2~3月，美军以血战攻克硫磺岛，坦克充当了机动火力点。面对日军在硫磺岛内修好的地下工事，美军以3个坦克营的150辆坦克伴随步兵发动进攻，发现日军的火力射孔便马上开炮或喷火消灭。参战美军普遍认为，坦克在这次登岛战中发挥出比空中支援更大的作用。

美军认为硫磺岛战役是太平洋战争中最为艰难的登陆作战之一，坦克以直瞄射击和喷火消灭了日军的多数火力点。

英军在诺曼底登陆后在滩头临时铺设金属路面，以保障坦克上岸，并在滩头外建人工港。

1945年4月，美军陆军有多达45万人登陆冲绳，上岸的1000多辆坦克多是“谢尔曼”坦克，主要作用是作为机动火力点消灭暗火力点和应对突袭，经过两个半月激战最终歼灭了10万日军。

1945年8月日本投降时，还残剩2个坦克师团。其中第1战车师团在日本本土解散，在中国河南的第3战车师团编制表上登记着250辆坦克。这个师团根据美军下达的只能向国民政府单方面投降的命令，对抗八路军而向国民党军缴械，交出的坦克被用于中国内战。

苏联出兵东北时，日本关东军迅速败退，几天后便投降并交出百余辆坦克。苏军对日军坦克几乎不屑一顾，认为其只有回炉炼钢的价值。当年日本侵略者野心大而实力严重不足，这在坦克生产方面也充分表现了出来。

美英坦克以绝对数量优势压倒了德国坦克

进入1944年后，纳粹德国大势已去，美国和英国盟军于6月6日在法国的诺曼底登陆。在1200艘战斗舰艇和1.3万架作战飞机的掩护下，2周内有4000余艘登陆艇运载153

被德军誉为“钢铁死神”的第101重坦克营第2连连长魏特曼。

万军队登上海滩。5000辆美国和英国的坦克担任突击前锋，同德国投入西线的1700辆坦克进行了激烈交锋。

此时美军的“谢尔曼”坦克的75毫米口径炮可以对付德国的Ⅳ号坦克，却难以打穿“豹”式坦克和“虎”式坦克的前装甲。英军的坦克多数为“克伦威尔”巡洋坦克，装配的75毫米口径炮也难以打穿德军的重型坦克。不过，英军将新研制的76.2毫米长身管坦克炮［英国称其为“17磅”速射炮（1磅=453.59克）］安装在引进的谢尔曼坦克的炮塔上，起名为“萤火虫”中型坦克，其几百米内能打穿“虎”式坦克、“豹”式坦克的正面装甲。

美英坦克质量虽不如德国坦克，却有数量优势，此外这两个国家还有绝对的制空权。德国坦克群只要在天气适合飞行的时候行动，马上就会招致空中打击，甚至晚上也不例外。德军西线指挥官隆美尔就叹息说，“美英的照明弹把夜间照得同白天一样”。头顶时时受威胁的德国坦克，在西线只能以小群甚至是单辆坦克进行突袭式反击。

此时德军建立了近20个重坦克营，主要装备“虎”式坦克（一般每营有40辆坦克），由德军统帅部调动作为“堵口塞”使用，其中有7个营被用于西线。党卫军第101重坦克营米歇尔·魏特曼中尉是德军头号坦克“王牌”，他声称在东线作战中击毁过117辆苏军坦克，战果主要是利用苏方难以击毁的“虎”式坦克取得的。诺曼底登陆战开始后，第101重坦克营调往那里，途中遭盟军飞机轰炸损失惨重，魏特曼任连长的第2连仅剩4辆坦克可参战。

在6月13日波卡基村的战斗中，魏特曼驾驶“虎”式坦克单车冲上公路时，遇到英军的一个装甲纵队。他马上下令以88毫米炮击毁了英军最前方的“克伦威尔”巡洋坦克，紧接着以第二发炮弹击毁了队尾的“萤火虫”中型坦克。英军装甲纵队过于密集，首尾的坦克被击毁后，全队被堵死在狭窄的公路上。魏特曼迅速穿越马路，绕到英军装甲纵队的另一侧，让炮手准确而高效地重复着“装弹—瞄准—射击”的动作。那些可怜的英军坦克要么中弹爆炸并车毁人亡，要么动力装置或者炮塔被击毁，简直是单方面遭受屠杀而没有还击能力。

英军“萤火虫”中型坦克上的76毫米长身管火炮在近距离也能击穿“虎”式坦克的装甲，更何况其坦克众多，如集火射击完全可以让魏特曼遭受灭顶之灾。但英军却在遭受突袭后惊慌失措，反映了其心理素质和应变能力太差。在极短的时间里，魏特曼击毁了27辆坦克，包括20辆“克伦威尔”巡洋坦克、4辆“萤火虫”中型坦克和3辆M5A1“斯图亚特”轻型坦克，除此之外还有14辆半履带车和14辆布伦式装甲运输车。在这次战斗中有200多名英军官兵阵亡，而魏特曼自己的座驾却毫发未损。

尽管魏特曼这个头号“王牌”的坦克车长在波卡基村的战斗中展示出精湛的技艺，却改变不了德军及其个人的命运。在8月8日的一次行军中，魏特曼所驾驶的007号

表现波卡基村之战中魏特曼所驾驶的231号“虎”式坦克的油画。

1944年德军发动阿登攻势时，第535特种团改变了“豹”式坦克的外壳，冒充美国的M10坦克歼击车，并穿上美军服装和乘坐美制吉普车准备突袭。

这幅油画表现了德军的“虎王”坦克在阿登地区发起攻势时的情景。

“虎”式坦克被埋伏的英军“萤火虫”中型坦克所击中，魏特曼和车组成员全部阵亡。

1944年8月25日盟军占领巴黎，随即向比利时和法德边境大举推进。德军虽然在梅斯等地以小股坦克集群阻击英美坦克，“虎”式坦克和“豹”式坦克也创造过击毁数量几倍、十几倍于己的敌军坦克的战绩，却根本扭转不了全面败退的局面，更何况盟军仅“谢尔曼”坦克的产量就相当于“豹”式坦克的10倍。因此，有的美军指挥官这样说：“就算损失10辆“谢尔曼”坦克才能击毁1辆‘豹’式坦克，我们也赢了！”

此时盟军的航空兵控制了天空，显示出“制空权决定地面装甲交锋结局”，德军多

美军在阿登地区进行防御作战的画面，使用的反坦克武器主要是A-10反坦克歼击车（右）和步兵的火箭筒。

改装后的Ⅳ号坦克作战的油画，该型车在1943—1944年内仍是德国产量最大的坦克，在东线也是德军装备最多的坦克。

数坦克或是从头顶上被炸毁，或是因运输线被炸断而出现油料中断被迫抛弃，西线德军坦克和强击炮中只剩下130辆能撤回。

1944年秋天，德国坦克产量达到了最高峰，每月能出厂1800辆坦克和强击炮，而且停产“虎”式坦克，推出了重69吨的“虎”Ⅱ坦克即“虎王”坦克。12月间，希特勒拼凑了34个师，包括2000多辆新旧坦克和强击炮，在比利时和卢森堡的阿登地区发起反扑。

在阿登攻势中，“虎王”坦克打了头阵。它与“虎”式坦克有相似的底盘，不过其将88毫米火炮的炮管由口径的56倍变为71倍，这能使炮弹的初速更快，精度更高，在2000米的距离内能击穿当时盟军的所有坦克。“虎王”坦克炮塔采用倾斜式装甲，前装甲厚度为150毫米，盟军的各种坦克炮都难以将其打穿。不过，这种车型的致命伤是故障率高、机动速度慢、吨位太大导致道路通过能力低。它的产量总计不过500多辆，在战场上“好虎架不住群狼”。

面对德军的进攻，美军以M10反坦克歼击炮和大口径榴弹炮在正面拦击，再让己方坦克靠数量上的绝对优势从四面接触“虎王”坦克、“虎”式坦克和“豹”式坦克，以打穿它们不太厚的车体后装甲或侧装甲。

德军发动阿登攻势，选择在不适宜飞机起飞的天气恶劣时期推进了近100公里。天气转好后，盟军航空兵大举出动，炸毁了德军在公路上的大批车辆包括运油车。德军伤亡约10万人并损失了1000多辆坦克后被迫撤退。阿登战役结束后，德军坦克兵又全力对付东线，以保卫柏林和匈牙利油田。西线只有少量德军以小群坦克或强击炮实施阻击，美英军自1945年2~3月突破德军的“齐格菲防线”后，就能顺利地长驱直入德国腹地。

战争临近结束时，美军新型的M26“潘兴”式重型坦克投入了西线，这是西线盟军第一款可以同德军“虎”式坦克正面交锋的坦克。1940年以后美国就已启动重型坦克的

第二次世界大战末期美国推出的M26中型坦克性能已达到当时世界先进水平，后在朝鲜战争中充当了美国陆军的主力战车。

研究，同德国的“虎”式坦克交锋后美国更感到中型坦克已力不从心，于是在1944年内定型了M26坦克。其重41.9吨，最大时速为40公里，配备1门90毫米火炮。1945年1月M26坦克定型生产，2月美国便将第一批20辆运到西欧，参加了抢占莱茵河上的雷马根大桥的著名战斗。

M26坦克投入西线后，几乎未同德军发生过坦克战，这使美国感到1943—1944年生产的5万辆坦克出现了“过剩”。1945年夏天所产的2400辆M26坦克原想用于亚洲战场，结果因8月间日本投降也未用上。

英军战时生产了2万多辆坦克，在1944年夏季后有近一半投入西欧战场，主要用于掩护部队进军，同德军坦克没有多少交锋。战争后期英军在使用坦克时有一种体会，就是应改变从第一次世界大战起就将主战坦克分成“雄”“雌”两类的做法。

在第二次世界大战中，英国长期让“克伦威尔”巡洋坦克担负同敌军坦克交锋和远

英国“丘吉尔”坦克剖面图。

1943年末，装配85毫米口径炮的T-34坦克开始装备苏军，大大提升了作战威力。

途快速突击的任务，而以“十字军”“瓦伦丁”和“丘吉尔”等步兵坦克来掩护步兵进行速度较慢的阵地攻击。实战证明，战场上的情况多变，坦克应该是“全能”的。如以英国首相命名的“丘吉尔”坦克作为步兵坦克，其火力不足、速度慢的缺点就大受部队抱怨，造价也不比巡洋坦克低，以至于丘吉尔首相也指责这种坦克说：“它的缺点比我本人的缺点还要多。”

战争结束前，英国认定全军应装备统一制式的坦克（同型车中可以有些变型车），于是开始研制“百人队长”式主战坦克。这种做法可以集中科研力量，并能大大提升生产效率。

纳粹德国生产坦克时会兼顾多种型号，在制造Ⅳ号坦克的同时又研制“虎”式坦克、“豹”式坦克，还异想天开地研制一种“不可摧毁”的重188吨的“鼠”式超重坦克。这种坦克只制造出2辆样车就发现根本不实用，因为它几乎无法通过欧洲所有的公路桥。战后研究德国坦克史的专家们大都认为，当时集中全力生产性能最全面的“豹”式坦克应该是唯一正确的选择。

苏军以改进车型扭转了坦克性能方面的劣势

苏德战场作为规模最大的陆战场，坦克一直是交锋的主角。德军的“虎”式坦克、“豹”式坦克出场后，苏军的坦克性能一度处于劣势，不过，其很快在原车型变动不大的前提下生产出T-34/85坦克，并对KV-1重坦克车体进行改进，研制出JS-2即“斯大林-2”式重型坦克。

在1943年7~8月的库尔斯克会战中，苏军虽取得胜利，伤亡却是德军的2.7倍，坦克损失也3倍于敌人，坦克性能落后被认为是重要原因。经过研制，同年末苏联工厂在原来

苏联制造的换装了85毫米，炮的T-34坦克的剖面图，其威力较此前的型号有很大提升。

苏联制造的“斯大林-2”式重型坦克剖面图。

装配76毫米炮的T-34坦克的基础上，推出了装配85毫米口径炮的改进型号。由于原车型基本不变，因此加快了定型速度，工厂也能利用原来的生产线不停歇地制造改进型号。

T-34/85坦克为提升穿甲能力，加大了炮塔，改装上原来从捷克斯科达兵工厂引进技术后所产的85毫米口径高射炮，能在400米左右打穿“豹”式的前装甲和“虎”式的侧装甲。其炮塔前装甲厚度提升到90毫米，有很大倾角的车体前装甲加厚到60毫米，这使德军75毫米口径且身管较短的坦克炮在较远距离无法将其打穿。T-34坦克重量达到32吨，但因发动机的马力由450匹提升到500匹，机动性未受影响。该型车已能同德军的重坦克正面较量（不过还是要靠数量优势），是战争末期和战后初期苏军坦克兵的主力，一直生产到1948年。

在KV-1坦克的基础上，苏联设计出一种重量达45吨的新式重型坦克，命名为“斯大林-2”（西方称JS-2）式重型坦克，其装配的122毫米大口径炮，可谓当时世界上口径最大的坦克炮。虽然其瞄准装置还不及擅长制造精密仪器的德国的装备，但其火炮威力却更胜一筹。“斯大林-2”式重型坦克的炮塔前装甲厚度达140毫米，车体前装甲也达90毫米。由于

该图展现了德军“豹”式坦克击毁苏军T-34坦克的画面，不过德军这种坦克产量只有T-34坦克的1/10。

这幅画描绘了苏军的“斯大林-2”式重型坦克冲到柏林勃兰登堡门前。该型坦克在战争后期充当了苏军纵深突击的“拳头”。

苏军坦克的炮塔是在砂模中浇钢水铸造的，因此容易在装甲中产生气泡，坚固程度不如德国锻造的炮塔，但其制造过程却相对简单。“斯大林-2”式重型坦克在一年多的时间内产量达3000辆，超过德国重型坦克产量的1倍多。

斯大林看到这种以自己的名字命名的坦克，感到战胜德国坦克有了希望，于是高兴地说：“我们要用这种坦克最后打赢战争！”

后来的实战证明，“斯大林-2”式重型坦克同“虎”式坦克、“豹”式坦克和“虎王”坦克较量时各有优劣，其优点是大口径炮威力大，装甲也能挡住远距离射来的德军75毫米口径以下的反坦克炮弹。其最大的缺点是坦克炮采取弹头、装药分装的方式导致射击速度慢（1分钟3发，这远低于德国坦克1分钟6~7发的速度），精准也不如德国坦克炮。

战争结束时，苏联又推出了“斯大林-3”坦克，采用近乎球形的炮塔，仍装配122毫米炮，但运到柏林时战争已结束。在胜利阅兵时，美英将领看到这种坦克都倍感惊讶，认为其领先本国坦克20年，足以称霸世界。实际上西方不了解“斯大林-3”，它的防弹性虽大有改善，但其他弱点仍然没有改变。

1944年3月，苏军选择春季融冰的泥泞时机，调动100多万部队和近3000辆坦克向乌克兰南部发起总攻。德军坦克履带相对比较窄，在这

1943年末，苏军开始列装的“斯大林-2”（西方称JS-2）式重型坦克终于能对抗德国的“虎”式坦克。

个季节行动不便，但T-34坦克却能发挥履带较宽、压强较低的优势通过泥泞地区。在掌握了空中优势的空军的掩护下，苏军经过3天突击就在敌军纵深前进了100余公里，于3月9日攻入乌克兰南部的重要城市乌曼，这里是德军在南线的主要兵站和装甲车辆维修基地，而这完全出乎曼斯坦因等德国将领的预料。

因补充油料和道路泥泞，德军从此地狼狈逃窜时如同当地居民所说的那样——“只穿了一条衬裤”，丢下坦克500余辆，其中200辆是刚从国内运来或刚修好可以使用的，其余则是正在维修尚不能开动的车辆。苏军一次性俘获如此多的德国坦克，是战争中前所未有的。德军第1坦克集团军近30万人还一度遭到包围，突围时只得将泥泞中开不走的坦克都焚毁。

乌克兰南部的惨败，使东线德军装甲兵元气大伤。苏军又掌握了制空权，伊尔-2强击机成了对付德国坦克最有力的“空中杀手”，加上又有了装甲优势，这就保障了苏军能够势不可当地展开大反攻。

红军坦克最终占领了纳粹老巢

1944年6月以后，苏军6个坦克集团军成为其进行重大打击的“铁锤”，它们学习敌

画面上的坦克驾驶员玛利亚·奥克塔波斯卡娅是苏联著名女英雄，她捐家产购买一辆T-34坦克并自驾，1944年1月17日最后一次战斗时因伤重牺牲。（上图）

1944年3月，苏军在乌曼附近缴获了500辆德国坦克（200辆完好，其余待修）。这一惊人的战果表现出德军指挥官曼斯坦因元帅在撤退时的慌乱。（左图）

人的长处，在浴血磨炼中成长起来，掌握了大纵深作战以深远突击的技巧，一次又一次地插入敌后，使德军在白俄罗斯、罗马尼亚和波兰尝到了合围战的滋味。

在1944年6月末至7月的白俄罗斯进攻战中，苏军投入的各型坦克、自行火炮共5200辆，与德军坦克的比例达到6：1。T-34/85坦克作为主力同JS-2坦克相互配合，加上红色空军又完全控制了天空，包抄的苏军得以在德军后方合拢。此役歼灭了德军25

表现苏军T-34坦克冲入德军城防的绘画，左边有一辆被击毁的德军Ⅳ号坦克。

面对苏军最后的攻势，德军出动用Ⅲ号坦克底盘制造的“突3”强击炮实施抗击的画面。

个师，击毙和俘虏的德国人达40万个。

在白俄罗斯战役后期的8月12日，德军的2辆“虎王”坦克首次参战，却受到苏军2辆T-34坦克伏击。苏军坦克兵先让随行步兵在正面开枪吸引德军坦克的注意力，再从侧面成直角用车中配发的“宝贝”钨钢穿甲弹连连射击，首发便穿入头辆“虎王”坦克的驾驶舱并将乘员全部击毙，接着另一辆也被侧面打来的穿甲弹摧毁。一辆“虎王”坦克被运回莫斯科研究，苏军肯定它“皮厚炮强”，但认为其过于笨重不便用于野战，由此感到坦克重量不应超过50吨。

为弥补T 34坦克火炮对付德军重型坦克有所不足的缺陷，1944年夏季苏军又在T-34坦克底盘装配了100毫米口径炮。这种SU-100型反坦克自行火炮能有效打穿“虎”式坦克、“豹”式坦克，通过性又同T-34坦克一样良好，能伴随着前进。

1945年1~2月苏军发起的维斯瓦河一奥得河战役，被军史研究者视为坦克兵大纵深穿插突击的巅峰之作。1月23日，苏军坦克一天推进80公里，冲进波兰境内的一个德国空军训练和作战基地，猝不及防的德军机场地勤人员惊恐逃走，机场上竟丢下700架飞机！这一数字，超过东线德军飞机数的1/4（不过此时德机多数因缺少油料已难以使用）。短短20天内，苏军坦克部队长驱500余公里，直冲到距离柏林只有60公里处。这种进攻速度已能同当初实施“闪电战”的德军相比。苏军坦克部队指挥员也改掉了过去呆板、唯命是从的毛病，已经能主动地寻找战机，敢于果断出击并为自己的行动负责。

此时纳粹德国已面临灭亡，坦克产量锐减，油田丧失和人造石油工厂被炸导致燃料严重短缺，昔日找不到敌手的“虎”式坦克、“豹”式坦克大都被当成孤立的火力点。苏军装配的坦克越来越多，又得到盟国援助，战争末期拥有坦克3万多辆，已超过了作战所需。

1945年4月16日，苏联红军开始了柏林战役，投入250万人及6250余辆坦克和自行火炮，以7500架作战飞机完全控制了天空。德军守军近100万人，有坦克和强击炮900辆，军中大都是老弱残兵。德军的坦克因油料不足，只好分散到柏林各防御街区作为火力点。

苏军坦克攻入柏林后，时常遭到龟缩隐蔽在阴暗处的德军步兵的袭击，他们操作火箭

“胜利！乌拉！”这是在战争最后阶段苏军横扫波兰平原并向德国进军的画面，画中是苏军的“斯大林-2”式重型坦克。

表现苏军T-34坦克冲入柏林街头的画面，此时大批德国守军举手投降。

筒、轻型反坦克炮和强击炮采取近距离开火的方式，打坏了街道上的不少苏军坦克。投入柏林巷战的3000多辆苏军坦克有70%被击毁和击伤，不过，即将取得胜利的苏军已不在乎这些损失。

1945年4月30日，在坦克、自行火炮的掩护下，苏军在国会大厦主楼的圆顶上升起了镰刀铁锤红旗，同一天，绝望的希特勒在帝国办公厅地下室自杀。5月2日，柏林的德军全部投降，此役苏军击毙了15万敌军、俘虏了48万敌军。

苏军坦克部队在战争中学习，从稚嫩迈向成熟，从失败走向辉煌，为苏联最终赢得这场卫国战争做出了不可磨灭的贡献。同时，苏联军工业将坦克列为生产重点，为坦克战的获胜提供了物质保障。

从苏德战争时双方坦克（含自行火炮）的产量对比中，也可看出苏联每年都占据了优势。

时间 \ 坦克生产数量	苏联	德国
1941年下半年	3700辆	2700辆
1942年	24000辆	6500辆
1942年	24000辆	10800辆
1944年	29000辆	19000辆
1945年终战前	12000辆	2000辆

注：德国在战时还得到法国、捷克生产的几千辆坦克，苏联则得到美国、英国1.2万辆坦克的援助。

苏军攻克柏林全景画中描绘攻击国会大厦的画面，画面中间为“斯大林–2”式坦克，两侧是被击毁的德国坦克。

卫国战争胜利后苏军坦克兵的形象。

在整场苏德战争期间，苏联军工业生产了10.2万辆坦克和以坦克底盘改成的自行火炮（其中有一半是T-34坦克），又接收了盟国1.2万辆坦克的援助。德国在苏德战争期间只生产了4万辆坦克和强击炮，除了少量“虎”式坦克和“豹”式坦克之外，其他坦克的性能都不如苏军生产的T-34坦克。德军最后在坦克战中落败，数量不足也是原因之一。

1945年8月9日，苏军根据同盟国的约定对日本开战，投入了5500辆坦克和自行火炮，在3900架飞机的掩护下在中国东北实施了一次“闪击”式进攻，仅8天就在有的方向前进了600公里，打破了日本关东军的防御，随之迎来了对方的投降。

西方和东方的坦克战证明，通过那场世界战争史上最大规模的“钢铁怪兽”大比拼，苏联锻炼出一支最强的装甲部队，其坦克性能和坦克兵经验此时也都跃居为世界第一。

通过第二次世界大战的检验，多数国家认为T-34坦克是综合性能最好的坦克。“虎”式坦克和“豹”式坦克虽在单项指标上占优，却因制造工艺复杂而产量小，通过复杂地段的能力也差，作战时很容易被T-34坦克包抄。坦克的主要用途是高速突破，T-34坦克最符合这一要求，而“虎”式坦克和“豹”式坦克的主要用途却是充当防御对手坦克的机动火力点。

当年参加过第二次世界大战的一位坦克研究专家曾这样表述自己的感受：

“我若是一名坦克车长，会希望座驾是强固的‘虎’式坦克。”

“我若是一名坦克连连长，希望全连都是火力、防护力都强的‘豹’式坦克。”

“我若是坦克集团军司令，就希望手下都是补给便利且冲击力强的T-34坦克。”

第陆章

在现代局部战争中坦克仍是“陆战之王”

1945年8月，美国投到广岛、长崎的原子弹揭开了人类武器进入核时代的帷幕。此后，“核武器决定战争”“常规部队无用”等论调在西方风靡一时，坦克研制一度出现停顿。苏联研发核武器成功和朝鲜战争的实战却证明，因美苏都有核弹而不敢使用，常规战争还是世界军事斗争舞台上的主角，钢铁战车在陆战中仍处于王者地位。

东西方两大阵营展开坦克研制生产竞赛

第二次世界大战结束后，欧洲形成两大阵营对峙。苏军拥有全球最强大的装甲力量，在东欧长期保持3万~4万辆坦克。不过美国在战后头4年间对此不太在意，认为世界上只有自己拥有核武器，足以对付苏联。

1949年8月苏联爆炸了原子弹，使美国感到核武器再不能轻易动用，于是又开始重视常规战和坦克研制。20世纪50年代美国同时展开轻型、中型、重型三种坦克的研制，准备应付不同战场地形、不同任务的需要，事后证明其所研制的轻型、重型坦克都不理想。

美军1951年列装的M41轻型坦克全重23吨，装配76毫米口径炮，其前装甲仅25毫米。该车原想用于道路较差地区，实战证明它难以抗击对方坦克，支援步兵的火力也不够。

美军经8年研制后列装的M103重型坦克于1957年问世，其重达57吨，车高2.8米，装配身管为口径60倍的120毫米炮，给人以“人高马大”的感觉。不过，美国陆军觉得该车太笨重，当1960年研制出M60A1主战坦克后就让M103重型坦克退役。

美军在20世纪60年代列装的M60A1坦克的画面，这是第一种主战坦克。

20世纪50年代法国陆军装备的坦克多数是美国外售的M47“巴顿”式坦克，这是它的侧视图。

美国陆军在战后初期以M26作为主力，在此基础上改进成M46并投入朝鲜战场。随后，美国在1952—1953年生产出外形相差不多的两款中型坦克，即M47和M48，并以“二战”名将巴顿的名字将其命名为“巴顿”式坦克。原定前者主要供出口，后者供自用，不过，因盟国提出要求也出口了不少M48。

20世纪50年代，美国的M47生产了9100辆，其中8500辆出口。该车重46吨，装配90毫米线膛炮，最大时速48公里。

美军战后产量最大的坦克M48。

苏联战后将JS-3坦克改成T-10重型坦克，这是表现其演习的画面。

M48共生产了1.17万辆，曾是美国陆军装甲兵的骨干，也是战后第一代坦克的代表。它重45吨，最早车型装配90毫米口径炮，后改装105毫米线膛炮，最大时速48公里。它的火力和光学瞄准仪器强于M47，这体现了“自用型要比出口型好”的原则。

经过总结坦克战的经验，美军认为中型、重型坦克应统一为主战坦克，其于1960年研制成的M60A1是世界上最早装备的主战坦克。该坦克采用新型105毫米火炮、改进型火控系统并加装了弹道计算机。1964年所产的M60A2装配了152毫米口径短身管的火炮、导弹两用炮，想以大口径榴弹对付工事，以导弹对付坦克。美军后来认为对付坦克的最好武器还是长身管火炮，于是M60A2生产了500多辆就停产。M60坦克作为美国战后第二坦克的代表，一直到1991年在海湾战争中还在使用。

苏联通过第二次世界大战的体验，一直把坦克当作地面战的主力。战后通过研究核爆炸的效果，苏军又认为坦克是陆军防护核袭击的很好的掩体，还能在核爆炸后迅速通过污染地进攻，因而研制坦克的型号和产量之多都居世界第一。

战后初期，苏军同时研制重型、中型和轻型三种坦克。在JS-3即“斯大林-3”式的基础上，苏联推出了“重坦克时代的恐龙”T-10坦克。其重52吨，装配身管47倍于口径的122毫米坦克炮，作用是为T-54／55坦克提供远距离火力支援，并打击敌军重型坦克。

苏联T-55坦克的剖面图。

事实证明，如同战时以T-34坦克为主力是成功的选择一样，战后以发展中型坦克为主也是成功的。在改造T-34坦克推出的T-44坦克（未大批生产）的基础上，1947年苏军研制出T-54坦克，其重36.5吨，最大时速48公里，炮塔前装甲厚达200毫米，车体前装甲厚100毫米，装配100毫米线膛炮。它成为替换T-34坦克的基本车型，也是苏联战后第一代坦克的代表。

1954年苏联在T-54坦克的基础上改进成的T-54A型坦克装配了火炮射击稳定器，保障了行进间射击的准确性。苏联将该型车的样品和生产线出口中国，中国于1959年正式将其投产，被称为“‘五九’式坦克”，这也是中国的第一种国产坦克。

1958年苏联又改进T-54A坦克，推出了T-55坦克，两车外形相似，改进之处是将弹药基数由34发增至43发，提高了发动机功率（达580匹马力），安装了防原子装置，改进

美军在1964年列装的M60A2坦克，装有152毫米口径的短身管两用炮（可发榴弹和导弹），因感到不适用很快被撤装。

了夜视设备。T-55坦克一直生产到1982年，超过了第二代坦克的生产时间，关键是因其构造相对简单，价格便宜，在发展中国家很受欢迎，成为世界上出口量最大的坦克。

苏联国内的T-54／55坦克产量超过7万辆，其中约3万辆出口，如果再算上中国、捷克、波兰等国的仿造量，该车型无可置疑地成为世界坦克史上产量、出口量最大的坦克。

通过局部战争的体验，苏联也认为不应再研制重型坦克，中型坦克可发展为主战坦克。1964年苏联开始生产T-62主战坦克，这是战后第二代坦克的代表。

T-62坦克重37吨，装配115毫米滑膛坦克炮，装甲与T-55坦克相似。该型坦克产量约1万辆，在1973年中东战争中却暴露出射击速度慢、火炮俯角小、火控系统较差等缺点，其机动性还不如T-55坦克。

苏军对T-62坦克并不满意，得知北约国家在研制120毫米坦克炮后，在1966年推出编号T-64的第三代主战坦克的试验型。该车重38.5吨，装配125毫米滑膛坦克炮。该型车在20世纪70—80年代几经改进，其B型重量超过40吨，炮管加长，除发射普通炮弹外还可以发射反坦克导弹。T-64坦克作为苏联的"镇军之宝"从未出口，不过因造价高所产不足1万辆。

苏联军工业鉴于T-64坦克造价高难以装备全军，又不能出口创汇，便利用其技术成果做了部分简化，于1972年推出T-72主战坦克。该车重41吨，最大时速60公里，也装配125毫米滑膛炮，并采取了与T-64坦克同样的复合装甲、防辐射衬层、车体侧裙板等。

T-72坦克生产了2万多辆，约一半出口，不过它同美制坦克较量时表现很差。究其原因，一是出口型属"简化版"，二是苏制坦克在电子、夜视和穿甲弹种方面都已落后于西方国家坦克。

苏联在20世纪70年代后推出的T-72主战坦克。

图中为苏联T-64BM2主战坦克，该型车从不出口。

苏军战后研制的轻型坦克为PT-76水陆两栖坦克，这幅画描绘了它在河流地带训练的场面。

战后苏联研制的轻型坦克，主要是想用于强渡江河的PT-76水陆两栖坦克。该型坦克重13吨，装配76毫米短身管炮，炮塔前装甲为40毫米，车体前装甲为20毫米而侧装甲仅13毫米。该型车在越南战场上参加实战，通过性好、可靠性高，但装甲和火力却很差。进入20世纪70年代以后该型坦克停产，步兵战车取代了轻型坦克的位置。

苏联研制坦克的指导思想，一直是采用较大口径火炮，却简化其他项目，在保证火力强的前提下达到造价低以便于大量生产的目的，战时主要以数量胜质量，如同T-34坦克击败“虎”式坦克、“豹”式坦克一样。20世纪80年代末T-72坦克单价为150万美元，西方国家三代坦克单价均在400万美元以上，不过苏制坦克“价廉物不美”，在战场上也做不到以量胜质。

英国于1945年定型并一直生产到1962年的“百人队长”式主战坦克的侧视图和剖面图。

法国研制出的AMX-30坦克将机动放在第一位，爬坡越野性好，装甲却比较薄。

英国通过第二次世界大战的体验，在1945年研制出一种通用的“百人队长”式坦克，重51吨，装配105毫米口径线膛炮。该车生产到1962年，成为英国陆军装甲兵的骨干，还出口到十几个国家。1967年英国又研制出“酋长”式坦克，相当于美苏战后第二代坦克。该车注重装甲、火力而不太考虑灵便，重达55吨，其身管55倍于口径的120毫米线膛炮被英国称为“世界上最强的坦克炮”。“酋长”式坦克在20世纪70年代成为英国装甲兵主力，外部却只有伊朗购买。

1944年才复国的法国，起初依靠进口美国坦克，随后为镇压越南等地的殖民地解放运动重点研制可空运的轻型坦克，于20世纪50年代初推出一种重仅13吨的AMX-13坦克，而本国军队主要装备美制M47坦克。一向有自傲性格的“高卢雄鸡”自然不甘心，因本国技术储备不足，曾在20世纪50年代中期向德国和意大利提议联合研制30吨级的欧洲标准坦克。不过德国另起炉灶，在1965年独立研制出了“豹”2式坦克，而法国便以自身之力研制出了AMX-30坦克，从1967年起被法国陆军正式采用。

法国战后研制坦克的理念是突出机动性，火力适中，并认为“装甲再厚也挡不住反坦克炮”而不追求这一指标。AMX-30坦克重35吨，装配105毫米线膛炮，造价低且行动灵便，车体前、侧装甲仅为70毫米和40毫米。通过20世纪70年代中东战争的检验，加上复合装甲的出现，法国也开始发展火力、装甲和机动均衡的主战坦克。

战后西方阵营同苏联发展坦克形成竞赛，20世纪50—60年代双方坦克性能水平基本相当，70年代以后西方国家坦克性能居于上风，这也是欧美国家新兴产业相对于苏联僵化的工业体制日益占有优势的体现。

新中国坦克兵在朝鲜小试锋芒

1950年6月25日爆发的朝鲜战争，起初是北南双方的内战，以坦克集群突破为开端。战前朝鲜人民军从苏联接收了258辆T-34/85坦克，能以坦克部队突破“三八”线后顺利推进，6月28日便占领汉城。南朝鲜军战前没有坦克，开战后防御迅速崩溃，靠美军从日本调来4个师才守住了釜山外围的洛东江防线。

美军赶到南朝鲜时，用运输机送来“二战”末期研制的重18吨的M24“霞飞”轻型坦克（当时运输机还难以装载中型坦克），其75毫米炮在较远处难以打穿T-34坦克前装甲，但对方的火炮却能轻易将其摧毁。不过，美国飞机能主宰天空，朝鲜人民军的坦克只好分成小群作战。

8月之后，美军将M4“谢尔曼”坦克和M26“潘兴”坦克大量投入战场，至10月间达到1000余辆，其中M26坦克的作战性能明显优于T-34坦克。朝鲜人民军在正面遭美军反扑，后路又被仁川登陆战切断后，只得将坦克、火炮等重武器抛弃，化整为零突围退向北方。美军坦克随即向鸭绿江冲来，作为仆从军的英联邦部队也以100多辆“丘吉尔”坦克跟随。

美军最早将M24轻型坦克运到朝鲜，但它却不是T-34坦克的对手。

美军以为朝鲜人怕老虎，将M26坦克表面涂成虎状。

出乎美国当局预料的是，中国以“志愿军”名义出兵入朝。此时，解放军虽有缴获的400余辆美日轻型坦克，却因没有零配件而难以参战。志愿军在没有坦克时，主要采取近战、夜战，用炸药包、爆破筒和火箭筒在近距离打坦克。中美两军首战云山时，志愿军第39军便大败美国陆军最精锐的第1骑兵师，击毁和缴获坦克28辆。在第二次战役中，志愿军包抄到“联合国军”后方，使其丢弃了数千辆汽车和上百辆坦克“落荒南逃”。志愿军第50军在1951年1月3日攻击汉城时又以穿插方式截断了英军第29旅的退路，入夜后以反坦克手雷、爆破筒猛扑向英国“丘吉尔”坦克，一举击毁和缴获31辆坦克，这是抗美援朝战争史上以步兵武器歼击坦克的一个成功范例。志愿军以步兵武器打坦克仍有许多局限，白天难以挡住敌方集群坦克突围，这就无法达成大歼灭战。

根据朝鲜战场的急需，1950年11月苏军将10个现役坦克团调到中国，解放军相应地以10个团接收。这批坦克和自行火炮共500余辆，主要是T-34/85坦克和少量JS-2（“斯大林-2”式）坦克。中国官兵接收时打破训练常规，由苏军坦克乘员以师傅带徒弟、手把手教的方法，进行了3个月的突击训练。中国坦克驾驶员仅驾驶了4~5个小时，炮手也仅发射过20~30发炮弹，刚刚达到开得动、打得响的程度，就入朝参战。1951年春，中国4个坦克团进入朝鲜，作为前线反坦克预备队。

志愿军坦克作战面临的最大困难是敌机完全控制天空，目标暴露就会遭受密集轰炸。因此，志愿军坦克在每次出击前，都要选好准备打击的敌人工事或坦克，利用夜晚将坦克开至前沿隐蔽伪装，次日白天躲过敌人的侦察，待黄昏来临时突然以原地射击击毁敌人工事或坦克，待对方飞机和炮火进行报复时就利用夜幕降临撤回。1951年10月16日，志愿军第310号坦克用这种方式，在黄昏前几分钟当敌军前沿坦克受太阳斜照目标明显时，突然开火，一举击毁3辆美军M26坦克和5个掩蔽部，获得了“英雄坦克”的称号。志愿军坦克出现在前沿后，对敌军起到重大威慑作用。此前美国坦克敢横冲直撞深入中方部队纵深，当志愿军坦克出现后就再也不敢深入。

朝鲜战场上双方转入长期阵地对峙后，志愿军坦克部队参考步兵“坑道战”的经验，也修筑了坦克坑道，在停战前一直以此同敌军进行“阵地炮战”。坦克部队还担负起配合步兵和炮兵对敌军坚固筑城阵地实施攻击的任务，为避开敌军航空兵，一般选择在阴雨天或夜间进行。1953年金城反击战期间，因连天阴雨，志愿军以20辆坦克在白天跟随步兵前进，用火力支援围歼敌军。

朝鲜停战前夕，志愿军在夏季攻势中有一辆编号为215的T-34坦克建立了殊勋，被

孙立新所绘油画《激战松骨峰》，表现了中国人民志愿军第38军以步兵痛歼美军坦克及步兵的场面。

中国人民志愿军的215号英雄坦克（该车为T-34坦克）的乘员获奖时的合影。

授予“人民英雄坦克”荣誉称号。该车在战争期间共击毁敌军重型坦克5辆，击伤1辆，击毁敌炮9门，摧毁地堡26个，出色地完成了7次配合步兵作战任务。它的突出战绩，是在1953年7月配合步兵攻击美军第7步兵师的石砚洞北山时建立的。

在7月6日夜间进攻时，215号坦克陷入弹坑无法开出，那里地势平坦视线开阔，全体乘员便冒着敌军密集炮火用稀泥和树枝将坦克严密伪装，天亮后坦克未被敌军发现。该车车长在白天却看准了山上美军的3辆M46坦克，天色转黑时就瞄准第一辆连发4枚炮弹将其击毁，其余2辆坦克试图反击时没有发现目标。215号坦克连续开炮又击毁1辆、击伤1辆。此时该车仍陷在泥里并暴露了目标，招致敌炮猛烈轰击，坦克手便采取开动发动机并把声音由大调到小的方式，让敌军以为坦克已开走。坦克在敌前隐蔽了2天，第3天晚间乘员才用树干、树枝垫平道路，将坦克开出了泥潭。随后该车又参加攻击，再击毁敌军M46坦克2辆，创造了中国坦克作战史上的一个奇迹。

据美军统计，朝鲜战争时期共发生了119次坦克对战，次数并不太多，美军坦克主要充当了前沿直接瞄准火炮的角色。据中国军队统计，在朝鲜战场上坦克和自行火炮出动246次，击毁敌军坦克40辆，摧毁敌军碉堡846个。从战争全局看，志愿军装甲兵参战规模比较小，主要是由于美军在白天（大雨天除外）掌握了制空权，朝鲜山地又不便于组织大规模的夜间行动。

通过抗美援朝战争，新中国坦克部队经受了现代化战争的考验，表现出英勇顽强的精神。为建设强大的装甲兵，20世纪50年代前期中国共进口苏联坦克、自行火炮近3000辆。不过，通过朝鲜战争中国军队也深刻体会到，要想有效地集中使用坦克，必须有头顶掩护，强大的空军是地面装甲突击的最主要保障。

中东和南亚的陆战再显坦克的重要性

第二次世界大战结束后因有核武器等因素制约，大国之间不能轻启战端，但地区性冲突却频繁发生。坦克在有限战争中仍能发挥重大作用，在中东这个冲突热点就充分体现了出来。

巴勒斯坦地区是中东“火药桶”，犹太移民想在当地恢复2000年前就灭亡的以色列国家，同已经定居当地1300年的阿拉伯人发生激烈冲突，1947年11月出现了大规模交战。1948年春，阿拉伯联盟国家即埃及、外约旦、伊拉克、叙利亚和黎巴嫩的近6万军队相继进入巴勒斯坦，配备有200多辆产自英、法、德、意等国的坦克。以色列人只有以第二次世界大战时英军中的犹太旅成员为骨干的3万余人的战斗队，仅有20辆坦克，多半还是法国在第二次世界大战前所产的H-39S轻型坦克，战时又通过犹太财团帮助运来少量美制“谢尔曼”坦克。

1948年以色列军队刚刚组建时候的形象，这支队伍是从私设武装组织和“二战”时期英军的犹太旅中募集来的，没有军装，武器也杂七杂八。

以色列独立时的装甲兵只有少数法国制H-39S轻型坦克，却在抗击阿拉伯军队时发挥了很大作用。

在1956年的中东战争中，以色列的老式“谢尔曼”坦克击毁埃及的苏制T-54坦克的画面。

1949年夏天，以军打退了阿拉伯军队并迫使其停战。第一次中东战争让以色列人意识到，在沙漠环境中作战，坦克才是主宰战场的王牌武器。

战后以色列得到美国淘汰的“谢尔曼”坦克和法国的AMX-13轻型坦克，又以犹太人的精明将“谢尔曼”坦克车体与法国火炮相结合，推出一种代号为M-50的“超级谢尔曼”坦克。阿拉伯国家中军力最强的埃及在1955年以后靠拢苏联，除得到旧式T-34坦克和JS-2坦克外，还有了一批新型的T-54坦克，其在数量上又占有绝对优势。

1956年第二次中东战争爆发时，英法联军进攻苏伊士运河吸引了埃及军队主力。以色列以200辆坦克掩护部队在西奈半岛发起进攻，主要伴随步兵充当火力点。以军以不足200人的伤亡就顺利占领了西奈半岛（后在国际压力下撤出），并获得装甲兵实战经验。

1967年6月第三次中东战争爆发时，以色列坦克战水平已相当高超。此时以军有800余辆坦克，多数是引进的美制早期M48坦克。不过犹太人以其特有的创造力动手改

第三次中东战争中的以色列坦克部队在西奈半岛推进的照片，其使用的是自己改装的“马加奇”坦克。

法国AMX-13轻型坦克的侧视图。

进M48，如将90毫米炮改成105毫米炮，外面增挂附加装甲，让它脱胎换骨，完成了从“西部牛仔”到“犹太人”的转变，让人几乎找不出美制坦克的外形。以色列人还给改进的“巴顿”系列(M48和后来的M60)坦克起了一个本土化名字——“马加奇”。

在第三次中东战争中参战的埃及、叙利亚和约旦总计有2000余辆坦克，开战后却因绝大部分飞机被以军飞机炸毁在机场上，没有制空权而任由以色列飞机宰杀。在1967年6月6~7日的以埃坦克决战中，以军600辆坦克轻松击毁或俘获了埃及900多辆坦克（多数是T-54坦克），并全歼埃军5个装甲师，接着又摧毁和缴获了约旦100多辆美制M48坦克。以色列在这场“六日战争”中迅速获胜，除绝对的空中优势外，“马加奇”坦克也比T-54坦克具有火力优势。

此前国际上很多人在争论，同为战后第一代坦克，到底是苏联的T-54/55厉害，还是美国的M47/48更强？此次战争得出的结论是美制坦克居优。不过，有人并不同意此结论，认为坦克操作者的素质还是决定因素，文化水平低的阿拉伯军人驾驭战车的能力远逊对手。

在这次“六日战争”中，以色列仅以980人阵亡的代价便击毙和俘虏对方6万人。当时人口不足300万的以色列就此成为中东头号军事强国，也被公认为世界上居前列的坦克强国。

第二次世界大战结束后南亚次大陆也是热点地区，印度与巴基斯坦发生了几场战争并长年对峙。1947年英国放弃对印度的殖民统治，主导了“印巴分治”，形成了印度和巴基斯坦两国。原英属印度殖民地军队中占2/3的印度教、锡克教部队变成印度军队，占1/3的穆斯林部队变成巴基斯坦军队。刚分家的印巴两国就因克什米尔的归属问题开战，1949年停火后仍长期剑拔弩张，并都向西方国家购买坦克等装备。

1965年8月，第二次印巴战争爆发。印军主要装备英国所产的“百人队长”式坦克和法国产的AMX-13轻型坦克，巴军主要装备美制M47和M48坦克。印度因国家大、兵力多，开战即投入600多辆坦克向西巴基斯坦进攻。9月间双方进行了两次大规模坦克战，首次交锋巴军反击失利，其装甲兵孤军冒进遭遇伏击，损失97辆坦克，一个装甲师几乎被打垮，但印军只损失了12辆坦克。第二仗是巴军面对印军强攻组织防御，以44辆坦克被毁的代价击毁印军坦克120余辆。

印巴的坦克战证明，美制M47和M48坦克和“百人队长”式坦克性能不相上下，在同等距离都能打穿对方装甲。双方坦克部队进攻水平都不高，防御时还都有可圈可点之处。巴基斯坦的坦克数量少，经不起消耗，紧急向中国求援并获得了第一批“五九”式坦克，还未参战，联合国便出面调解停火。

此次战争中，数量居优势的印度坦克损失远大于巴方，主要是巴基斯坦空军飞机性能占优势。印军飞机只是简单地投掷航空炸弹，巴军却在飞机机翼下配有可投式吊舱，每个吊舱可带7枚高爆反坦克弹头的折叠式尾翼航箭弹，7枚齐射的命中概率高达75%。据战后统计，印军被毁的坦克90%以上由巴空军击毁。

1971年印度支援东巴基斯坦（今孟加拉国）独立，引发第三次印巴战争。此时印空军已占有优势，坦克数量也3倍于巴军，并以苏式T-55坦克为主力。巴军坦克除旧有的美制M47和M48，还有部分中国援助的“五九”式，数量和质量都居劣势。尤其是印军的T-55坦克装配了红外线瞄准器，可有效进行夜战，巴方坦克还缺少此种装备。印军在东巴基斯坦战场上击溃了巴军并迫其投降，在西巴基斯坦战场上顶住了巴军的牵制性攻势。此战印军损失坦克81辆，巴军损失坦克226辆，巴基斯坦最后只得接受停战和东巴基斯坦（今孟加拉国）独立的事实。

南亚次大陆上印巴这对“冤家”的交战证明，坦克仍是双方陆战的主角，在争夺空中优势时，“陆战之王”的作用仍不可替代。

坦克进攻最后结束了以“游击战”为主的越战

在20世纪60年代至70年代中期的越南战争乃至整个第二次印度支那战争

中，坦克又成为陆战重要武器。不过当地多是山区、丛林和水网地带，使用坦克有许多不便之处。

印度支那共产党（1951年改称“越南劳动党”）从1945年就开始了抗击法国侵略的作战，在1950年后因得到中国援助力量日益壮大。侵越法军用于水网稻田地带作战的坦克主要是当时研制的重仅13吨的AMX-13轻型坦克，其装甲不足20毫米，装配1门75毫米口径炮。1954年法军被迫撤走，将这批坦克大都留给南越伪军，在1960年后用于对付南越游击队的作战。

从1965年起，美国军队进入越南南方的地面战场，兵力最多时达54万人，投弹达570万吨（高于美军在第二次世界大战中总投弹量的1.5倍），并使用了近2000辆坦克，其中主要是45吨的M48坦克和23吨的M41轻型坦克。1966年美国曾将刚研制的M551“谢里登”轻型坦克运往越南，但发现并不适用。此外，美军还以近千辆M41坦克装备南越政府军，更换了陈旧的法国制轻型坦克。

美军在越南战场面对的主要是飘忽不定的游击队，坦克充当了机动火力点，其遇到的打击主要来自火箭筒、无后坐力炮和地雷，据统计，美军坦克的一半损失是地雷造成。

投入越战的美军“谢里登”轻型坦克，但该车并不适用。

1968年2月间越南人民军和游击队发动春节攻势，以事先渗透和突然袭击占领了古都顺化和西贡部分街区，美军坦克便开上街道猛轰怀疑有越共的房屋，并作为步兵进攻的钢铁掩体。越方轻武器难以摧毁坦克，就此感到步兵游击作战只能骚扰敌军，想取得攻坚胜利还需要有坦克。

1959年10月，越南人民军在中国和苏联的帮助下建立了一个坦克团，这个坦克团仅有苏制的35辆T-34坦克和16门SU-76自行火炮。1965年以后苏联援助了近百辆T-54坦克和PT-76水陆两栖坦克，1968年1月北越的坦克进入南方战场，因感到当地水网河流多，最先出动的是一个PT-76坦克营。

越军坦克首次参加了北村夜间进攻战，突破了美国特种部队和南越一个营的防御阵地，以坦克火炮摧毁了许多地堡。此战越军损失6辆坦克，主要是因水陆两栖坦克装甲太薄，火箭筒击中便能打穿。不过，这些损失换来步兵顺利突破且伤亡大减，越南人民军认为还属合算。

由于没有制空权，北越的坦克通常在夜间行动并且打了就跑。1969年3月3日晚，美军5辆M48坦克巡逻时同12辆苏制PT-76水陆两栖坦克意外遭遇，发生了美越两军唯一的一次坦克战。越军坦克的76毫米短身管炮根本打不穿M48坦克，美军的105毫米炮却轻易击毁了2辆PT-76坦克。越军其余坦克迅速逃入丛林，过重的美军坦克也未能追击。

1968年1月，越南人民军在溪山附近的卫村夜战中使用了苏联的PT-76水陆两栖坦克攻击美国特种部队营地，这是北越南下部队首次使用坦克。

越南人民军使用苏制T-54坦克向南进攻的画面，右侧是被击毁的美国M48坦克。

由于难以打赢战争，1970年以后美军逐步撤走，陆战任务交给了南越军队。越南人民军主力于1971年2月南下“胡志明小道”，同南越军在老挝9号公路展开了多次坦克战。此前美军和南越军认为T-54中型坦克难以通过丛林道路，用M41坦克足以对付PT-76坦克，而北越的T-54坦克却通过密林参战，其100毫米口径炮命中M41就能造成车毁人亡，M41坦克的75毫米口径炮却根本打不穿T-54坦克前部厚100~200毫米的装甲。面对越南人民军的步、炮、坦协同反攻，南越军很快败退。此后美军加大空中轰炸，据统计，其以空袭击毁60辆坦克，越南人民军随即停止了追击。

1972年越南人民军发动“春季攻势”，又出动了300多辆坦克，南越军队起初出现溃败，靠美军实施了世界战争史上密度空前的猛烈轰炸才阻止了对方南下。此次越南人民军损失了200多辆坦克，大部分是空中打击造成的。

此后，苏联继续提供T-54坦克，中国又援助了重21吨的“六二”式轻型坦克（是“五九”式的缩小版，减轻了装甲并改装85毫米炮）和“六三”式水陆坦克（系苏制PT-76的改进型，改装85毫米口径炮）。1975年春越南人民军已有9个坦克团，装备600辆坦克和400辆装甲车，并由中国援助从华南通过越北和“胡志明小道”修通了一条千里输油管，保障了南下用油。

此时美国不再参战，南越伪军士气沮丧且空中力量不强，越南人民军坦克部队于是能在白天沿公路挺进，在对手大都不战而溃时很快逼近西贡。1975年4月30日早晨，北越7辆T-54坦克穿过西贡大桥时击毁了2辆南越M41坦克，这也是越南战争中最后一次坦克战。

图为在越南胡志明市（西贡）独立宫陈列的中国制造的390号“六二”式坦克，它冲进南越“总统府”象征着越南独立战争的结束。

图为越南人民军坦克兵的形象，右图表现的是占领西贡的越军坦克兵把南越国旗踩在脚下。

同日上午10时，越南人民军坦克群冲到南越“总统府”，一辆中国制造的编号为390的“六二”式轻型坦克率先冲进院内，标志着越南战争的结束。这辆坦克此后永久性地被陈列在胡志明市（西贡）独立宫前，这既是越南人民争取民族独立战争的纪念碑，也是中国军工业援助世界民族解放运动的一座丰碑。

越南战争是现代历史上“游击战”的最突出典范，不过，越南抗美的群众性游击斗争主要起到把敌人拖得疲惫不堪和意志消沉的作用，赢得最后的胜利靠的是苏联、中国援助的坦克。

表现越南人民军攻占西贡的油画，当时打先锋的是中国制造的“六二”式轻型坦克，旁边是被击毁的南越军的美制M48坦克。

第柒章

世界各大国所产坦克角逐中东

1973年签订了结束越南战争的《关于越南问题的巴黎协定》后（实际上越南内战2年后才结束），中东成了世界上头号军事冲突热点地区，接连爆发了第四、第五次中东战争，两伊战争（伊朗、伊拉克战争）和海湾战争。由于那里地势大多平坦并有许多无遮蔽的空旷沙漠，因此装甲部队成为陆军作战的主角，苏联、中国、美国、英国、法国和以色列等国所产的各型坦克相互角逐，演出了“钢铁巨兽”争锋的壮观剧幕。

第四次中东战争几乎撼动坦克的地位

自20世纪60年代起，美国和苏联就把阿拉伯国家同以色列的战争当成自己的武器试验场，新型坦克也通过“代理人”驾驶进行交锋。以色列有很高的科技水平，使用外国武器时能改进装备和战术。阿拉伯国家的科技水平较低，训练水平又较差，军队和坦克数量都占优势时仍总是吃亏。

1967年第三次中东战争后，约旦退出反以阵营还驱逐国内的巴勒斯坦解放组织，这使以色列解除了东部威胁。埃及和叙利亚却仍想复仇，在苏联大力采购武器，其他阿拉伯国家则给予资助。埃叙两国除进口2000多辆T-55坦克外，还购买了2200辆T-62坦克。考虑到阿拉伯国家的飞行员和飞机的水准都难以追上以色列的，埃叙两国进口了苏联的几款“萨姆”型地对空导弹，为战场上的坦克、步兵提供10~15公里范围内的空中掩护。

苏联的T-62坦克在西奈投入作战的画面。

埃及军队突破巴列夫防线的油画。

图为以色列用缴获的T-54坦克和T-55坦克改装的“蒂朗5”坦克。

1973年10月初，埃及和叙利亚共集结了52万名士兵、4100辆坦克和1042架作战飞机，准备对以色列进行东西夹击。以色列军队只有12万常备军、1700辆坦克和400余架飞机，不过，以军的动员能力超强，在2天内就能动员30万名预备役人员参军。

以色列此时的坦克主力是用美国的M48坦克改装的“马加奇”坦克，在1971年以色列还接收了美国新制造的150辆M60A1坦克。对1967年缴获的700余辆能使用的T-54坦克、T-55坦克，以军将其改造为“蒂朗4”坦克和“蒂朗5”坦克，保留原车体和火炮，加装了新的电信设备和附加装甲。英国“百人队长”式坦克也在使用，但有进行升级和改造。考虑到埃及军力较强，以色列主要以美制坦克在西奈对付埃军，“百人队长”式坦克在戈兰高地对付叙军，“蒂朗”坦克主要做后备。

1973年10月在西奈作战的埃及军队的形象，右下为操作苏制反坦克导弹的埃及军士兵。

10月6日是犹太教的“赎罪日”，犹太人要保持绝对休息状态，埃及、叙利亚就选择了这天突袭，在世界上以高效著称的以色列情报机构“摩萨德”事先未能报警。埃军当天就渡过苏伊士运河并突破岸边的“巴列夫防线”，叙军突袭并夺取了戈兰高地的前沿阵地，惯于袭击别国的以色列被打了个措手不及。

这是描绘叙利亚军装备的T-62坦克在防空导弹的掩护下同以军激战的画面。

开战当天，以色列依仗空中优势，动员大批飞机打击埃叙的地面部队，却遭萨姆-6防空导弹拦击而遭受到前所未有的损失。埃及坦克从众多渡桥突破苏伊士运河后，却只前进了10公里，就害怕超出萨姆-6导弹的防空距离而停顿下来。以色列马上停止“赎罪日”休息，广播动员预备役兵员，第二天全军扩大到40万人，这种高效动员在世界上可谓独树一帜。

这是以色列在苏伊士运河边建立的坦克掩体，这种半永久掩体只露出坦克炮塔，大大降低了受弹面积，面对数量几倍于己的敌军装甲部队时能发挥重大作用。

在西奈半岛方向，以军过于轻敌，开始只派出几支装甲部队进行反击，其中第190装甲旅孤军深入埃及部队反坦克导弹、无后坐力炮和火箭筒的伏击圈。据埃及宣布，以军一个旅的110辆坦克在3分钟内被击毁85辆，余下25辆也成了战利品，其旅长也被俘虏。以色列只承认第190装甲旅一个营陷入伏击，有30辆坦克被击毁，1个营长被俘。

尽管双方宣布的战场数字有差异，但以军坦克部队遭受一次大败却无可否认。过去很蔑视阿拉伯人的以色列军队，第一次为对手的战斗力和苏联“萨格尔”反坦克导弹的威力所震撼。

埃及步兵用反坦克武器所实施的伏击战，也让全世界首次看到了坦克的脆弱。在火箭筒、无后坐力炮和手携的反坦克导弹面前，昔日的钢铁“陆战之王”竟这样不堪一击。

戈兰高地上，以色列升级过的英国“百人队长”式坦克同苏制新式的T-62坦克进行了激烈厮杀。T-62坦克装配的115毫米滑膛炮可在1500米距离内击毁以军任何坦克，其前装甲厚度也超过以方坦克。不过，“百人队长”式坦克的105毫米炮也能在千米内打穿T-62坦克，而且改装的火控系统特别是瞄准仪更好，射击速度也快。

在山区复杂地形交锋时，T-55坦克和T-62坦克又暴露出一个缺点，就是设计时注重避弹而车身低矮，主炮仰俯角仅5度，西方国家主战坦克仰俯角都在10度以上。这导致苏式坦克的火炮在平坦无遮掩地形上才能充分发挥威力，而在戈兰高地上经常抬不起炮口，打不到高处的目标。而以军坦克却能大角度仰射或俯射，还能躲在土坡后只露出炮塔

以色列改装英国“百人队长”式坦克而称为“肖特”的坦克有较大的射击角度，因而能占上俯角优势，这是当时戈兰高地激战的画面。

1973年10月以色列装甲部队突破埃及的苏伊士运河防线的画面。

实施射击。

西方坦克注重“人—机”结合功能，车体和炮塔相对较大，乘员有活动余地且有空调，久战不易疲劳。苏式坦克为缩小体积牺牲了乘员空间，平时行车要打开车盖换气，战时关闭时间也不能太长。T–62坦克的“人—机”环境比T–55坦克更差，其车体更低矮，椭圆形炮塔更扁平，火炮口径却更大，炮塔内又塞进了更多仪器设备，人们戏称乘员如同“沙丁鱼挤在罐头里”。T–62坦克的火炮射击后烟雾滞留在炮塔内，落后的抽烟装置不能很快吹除，一些乘员因无法忍受有毒空气而弃车逃走。戈兰高地持久激战后，以军发现对方竟丢下些空无一人的完好T–62坦克。

苏式坦克尤其是T–62坦克暴露出的弱点，使叙军坦克在数量和表面性能指标占优势时反而败退。戈兰高地的坦克恶战中叙军损失了1000余辆坦克，以军只损失了200辆坦克。

西奈半岛上的埃及和以色列坦克进行了几次交锋，基本打成僵局。以军刚从美国进口的M60A1坦克的105毫米火炮威力不如T–62坦克，火控系统却更强，射击更准确。美国见以色列坦克消耗大，又紧急空运M60坦克予以补充。以军还通过美国卫星提供的图像发现埃军在苏伊士运河中部有个防御缺口，马上用上次战争缴获的T–54坦克和T–55坦克打先锋，让对手误以为是己方坦克，顺利驶过了苏伊士运河浮桥，冲到埃军南线后方包围了苏伊士城。

以色列的空中优势此时又起到决定作用，其400多架作战飞机（主力是F-4“鬼怪”）竟创造了1天4000架次的出击纪录，平均1架飞机1天出击10次，往往是落地加油5分钟并替换疲惫的飞行员（以军每架战斗机配备4名飞行员）后就再次升空。阿拉伯国家的米格-21战斗机及其飞行员根本不是以军的对手，埃叙飞行员在空中一般看见以机便逃。除萨姆地空导弹保护的狭小区域外，以军完全掌握了制空权，其坦克冲到对手纵深反而能大胆高速冲击。

看到叙埃军队败退，苏联要求联合国干预，实行停火。以色列为避免持久战，于10月24日接受停战，不过明显是胜利者。此战以军的坦克、飞机损失却也属空前，共损毁坦克850辆、飞机115架，并阵亡了2800名官兵。阿拉伯联军阵亡8500人，损失坦克2200辆和飞机450架，这一损失比同前两次战争相较要好得多，表现出埃及、叙利亚军队的陆战水平有了很大提高。

此次战争中，苏联的“萨格尔”反坦克导弹（中国仿制品称为“红箭-73”）首次大显威风。埃及步兵装备了这种重仅11.3公斤的导弹，便于搬运和隐蔽发射，射程又达3000米，穿甲厚度为180毫米均质钢板，可击穿当时以色列装备的所有坦克的正面装甲。这使世界军界的许多人都认为简便的反坦克导弹将是“坦克克星”，“坦克危机”的思潮开始出现。

第四次中东战争又被许多人看成美苏坦克发展竞赛的一个转折点，美制坦克在性能上明显超过了同一代苏制坦克，世界坦克制造业也认识到处理好“人—机”功能的重要性。

新型装甲又巩固了坦克“陆战之王”的地位

为时18天的第四次中东战争，可谓第二次世界大战后规模空前的坦克大交锋。除双方坦克短期内损失惨重，最让世界军界震撼的是坦克装甲不仅难防反坦克炮，连步兵的火箭筒、轻便导弹也能将其打穿。此时主战坦克已达40~60吨，再想加厚装甲势必又会增重，那就难以通过一般桥梁和道路。世界上有一些人于是提出“坦克无用论”，因为反坦克武器的“矛”已经大大优于坦克装甲的“盾”。

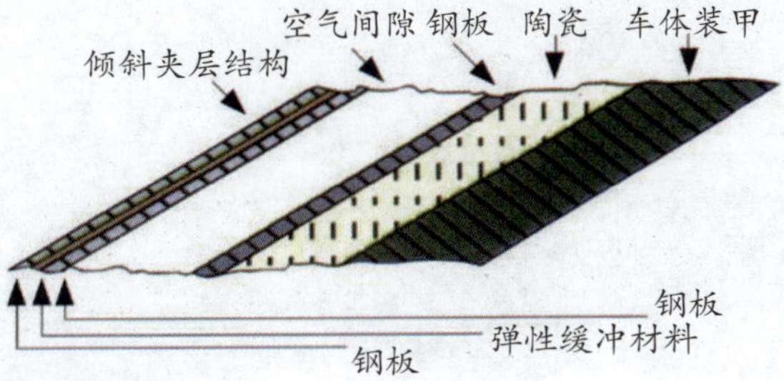

复合装甲的结构示意图。

不过，世界上的武器竞赛，却显示出“矛”与“盾”在不同时期经常此伏彼长，坦克的发展史也是坦克装甲不断增厚、增强的历史。坦克的防弹能力不仅靠装甲厚度，也在于其抗弹能力。第二次世界大战时美英坦克的装甲就比日本所制的镍铬钢板更坚固，德国坦克由于缺乏镍铬原料只得采用表面渗碳等复杂工艺，苏联战时简化工艺生产的坦克的抗弹能力则更差。战后苏联从制造T-54坦克时起就对坦克装甲采用了冲击强化工艺，这才增强了抗弹力。

坦克诞生后的20年间以普通钢作为装甲，反坦克炮的穿甲弹至多也使用钨钢芯，国际通常的概念是穿甲弹的口径与它能打穿的装甲厚度大致相等。不过，1936年破甲弹诞生后，它对轧制均质装甲的破甲威力可达其弹头直径的6～7倍。步兵所携的火箭弹的空心装药破甲弹，也能以金属射流打穿厚度为其口径3~4倍的装甲。这样，反坦克火器的“矛”在对付装甲的“盾”时已明显占了优势。

1973年的第四代中东战争之后，有些人主张以轻装甲车和直升机取代坦克作为陆战主力，但复合装甲的问世却迅速改变了坦克的命运。

据称，苏联最早推出了复合装甲，于1968年在T-64主战坦克上创造性地使用一种其比喻为“夹心饼干”或“三明治”的复合装甲。这种装甲共3层，外层为80毫米厚的钢质装甲，中间层为104毫米厚的玻璃纤维板，内层为20毫米厚的钢质装甲。

根据试验得到的数据，T-64主战坦克在重量只增加4吨的情况下，前主装甲抗穿甲弹能力增加了50%，这接近300毫米均质装甲钢的防护水准。这种装甲抗破甲弹能力又能在此基础上增加1倍，对付火箭弹、无后坐力炮时达到约600毫米均质装甲钢的防护水准。

英国“乔巴姆”复合装甲比苏联的产品更为成熟。它在1974年问世，真正使坦克的

苏联在T-64主战坦克上最早采用了早期的复合装甲，这是描绘这种苏军视为“军宝”而不外销的坦克的油画。

英国“挑战者”Ⅰ式坦克的剖面图。

防护能力跨上了一个新的台阶。

乔巴姆是英国的一个小镇，著名装甲研究院位于这里，“乔巴姆”复合装甲就得名于此。这个装甲研究院研制成的复合装甲，有着多层结构，内层和外层均是又硬又韧的钢装甲，中间一层则是厚厚的陶瓷装甲，主要起抗弹作用。陶瓷装甲有耐高温、抗热冲击性好的特点，抵御破甲弹金属射流的冲击最有效，对减缓穿甲弹的动能也有很大作用。

“乔巴姆”复合装甲可根据不同部位的防护要求，做成不同厚度，并用螺栓固定到车体和炮塔上。英国有关人士称，在同等重量的情况下，“乔巴姆”复合装甲对付穿甲弹的能力是原来均质钢装甲的3倍，对付破甲弹、碎甲弹的效果更强，这使“甲一弹”之争的天平又向装甲一方倾斜。

英国的“乔巴姆”复合装甲在1980年开始生产的“挑战者”Ⅰ式坦克上最早采用。战后英国继生产“百人队长”式和“酋长”式坦克后，看到美国、德国研制第三代坦克时也不甘落后，于是推出了重62吨、装配120毫米线膛炮的“挑战者”Ⅰ式坦克。据称其装甲一度领先世界。

这是英国“挑战者”Ⅰ式坦克的画面，该车最早采用了“乔巴姆”复合装甲。

美军M1A1主战坦克的剖面图，从中可看出其弹药舱在炮塔后部，一旦被击穿引爆后会由排爆板将其爆炸力泄到车外，不会危及乘员安全。

对“乔巴姆”装甲的各层到底有多厚，各层装甲的成分、结构和加工工艺的诀窍，英国人一直将其作为“机密中的机密”。作为北约盟国，美国的M1和德国的“豹”2等主战坦克还是分享了这一技术，也加装了类似“乔巴姆”的复合装甲。

苏联很快得到这一科技情报，所产T-72坦克也在炮塔和车体正面采用了复合装甲。由于该车大量出售，还有不少被缴获，因此人们都知道其复合装甲的结构分为三层：

外层有120毫米厚的均质钢装甲；

中间夹着100毫米厚的陶瓷装甲；

内层再有一层20毫米厚的均质钢装甲。

采用这种“三夹层”装甲后，T-72坦克正面装甲重量相当于200毫米厚的均质装甲，防弹能力却相当于400~500毫米厚的均质装甲。但该车侧面和后部没有复合装甲，这是其薄弱点。

此时坦克防护之“盾”得到划时代发展，反坦克武器之“矛”也在同步发展。20世纪70年代后期至80年代，各强国反坦克炮普遍采用了超速脱壳穿甲弹，穿透力较过去的传统的钨钢芯穿甲弹至少提升了1倍。不过相对而言，复合装甲的出现还是使“盾”占了优势。

科学发展是无止境的，人类发明“乔巴姆”复合装甲后不久，又发明了反应式装甲。1982年6月以色列入侵黎巴嫩时，人们看到坦克炮塔和车体上挂着密密麻麻的小盒子，起初大多以为是外加金属屏壁，后来才知道是一种新的防护——反应式装甲。

复合装甲防御弹攻击的示意图。

尾翼稳定脱壳穿甲弹：
穿甲弹利用高速飞行的高密度弹头的动能击碎坦克装甲

对抗手段：
由多层不同材料组成的复合装甲在抗击动能弹的性能上要好于均质装甲

反应式装甲的发明者，有人说是以色列人，有人说是苏联人，不过，是以军首次将其用于实战，这使坦克的防护水平较之采用复合装甲时“又上一层楼”。

反应式装甲就是能爆炸的装甲，又称“爆炸装甲”，其装在一个个长方形钢铁盒子内，命名为“爆炸块”，中国人将它音译成“布拉泽”。这种盒子只有1~3毫米的薄钢板，中间夹着钝感炸药，当敌方破甲弹或导弹的金属射流击中反应式装甲块时，薄层炸药爆炸，对金属射流起到干扰作用，能使其贯穿力降低75%左右。

装备了反应式装甲的坦克，活像一个身着铠甲的古代武士，尽管外表增加了许多东西，但坦克的战斗全重增加还不到2吨，对机动性影响不大。

在弹雨横飞的战场，坦克外挂的反应式装甲会不会一中弹就纷纷炸飞了呢？其实不会。这种新型反应式装甲有一个特点，即只对破甲弹一类大型反坦克武器的命中做出“反应”引爆，对炮弹碎片、机关炮弹和步机枪子弹等的命中根本不“反应”。一块反应式装甲爆炸后，又不会引起周围的反应式装甲爆炸，这其中的秘密非专业人士不能解答。

任何武器都不会是万能的，反应式装甲也有弱点，就是对高速脱壳穿甲弹的防护作用不太大，较适合抵御低速命中的破甲弹。这样，步兵所用火箭筒、无后坐力炮和反坦克导弹就很难打穿挂了反应式装甲的坦克，坦克炮发射的高速脱壳穿甲弹成了坦克的主要威胁。

1988年美国宣布研制成功贫铀复合装甲，这又是坦克技术发展史上重要的进展之一。据称，这是用铀加工后剩余的高密度材料制成的，硬度超过原来的强化钢质装甲1倍，最早在M1A1坦克上采用。关于贫铀装甲的详细情况美国严格保密，有人称其放射性

这张油画表现了美军M1A1坦克在海湾战争前集结的场面，据称该车采用了贫铀装甲，对驾车官兵有伤害。

有较大危害，但美军发言人一直否认。1991年海湾战争结束后，有一些美国士兵得了一种奇怪的“海湾综合征”，据说与贫铀装甲弹和贫铀装甲的使用有关。美国后来出口的M1型坦克都不用贫铀装甲，据说其自用的坦克也有所限制，可见副作用不小。

针对西方坦克装甲的进步，苏联和后来的俄罗斯又研制了“串联”式爆炸的反坦克导弹，以最前部的爆炸部排除反应式装甲的干扰，中部爆炸部炸穿复合装甲外层、中层，后部爆炸部再炸穿内层装甲，这真是“道高一尺，魔高一丈”！

尽管反坦克武器不断有新发展，但复合装甲、反应式装甲的发明和使用效果让“坦克无用论”又沉寂下去，坦克“陆战之王”的地位又得到巩固。

世界新型坦克又在中东做实战检验

1982年6月，以色列为摧毁黎巴嫩境内的巴基斯坦解放组织营地，并驱逐当地的叙利亚军队，以10万军队和1500辆坦克攻入黎巴嫩，进行了第五次中东战争。

1982年以色列军队进攻黎巴嫩时以“梅卡瓦”Ⅰ型坦克开入贝鲁特的照片

在此之前，以色列用归还1967年所占的西奈半岛作为筹码，由美国出面调解，同建国后30年间最大的宿敌埃及达成和解。加上对约旦早已消除敌对状态，以色列可以集中力量打击北面的巴解组织和叙利亚。

以色列“梅卡瓦”Ⅰ型坦克的照片，当时装配的还是105毫米口径炮，其发动机前置。

此时人口不过400多万的以色列已成了世界上的坦克大国，不过，坦克的主要来源还是外国。在以军3700辆坦克中，多数还由美国援助（号称“美国钱袋子”的犹太人财团一直能左右国会的援外工作），包括1135辆M60和650辆M48。以军还留用英制的1100辆“百人队长”式坦克及缴获的400辆T-54/55和150辆T-62（对苏制坦克以军都做了改进）。让以色列人最兴奋的是，这时他们有了300辆国产的“梅卡瓦”坦克，其中200多辆参加进攻黎巴嫩，很快该车也成了世界著名战车。

过去以色列的坦克型号杂乱，零配件供应不易，有些也不太合乎自身需求。以色列在本国军工体系不完全配套的情况下，通过进口美国发动机和定制一些自己难以生产的部件，自己研制了一种适合本国特点的坦克。因希伯来语“战车”的发音是“梅卡瓦”，国际上也将以色列的这种坦克称为“梅卡瓦”坦克。该车于1977年5月定型试产，1979年秋季列装。

以色列作为小国，认为装甲车辆不能分类太多，设计的“梅卡瓦”坦克实际是集坦克、自行火炮、步兵战车、装甲输送车性能于一体的战车。该型车打破了世界坦克研制遵循火力、装甲和机动三者平衡的原则，强调“防护第一，火力第二”，至于机动性，则放

“梅卡瓦”Ⅰ型坦克的剖面图，车体后部空舱可装步兵也可堆满弹药，发动机位于车体右前部。

以色列突击队进行巷战突击的画面，士兵手持的是鲁兹枪。这对擅长野战的以色列军队而言是个新课题。

1982年6月以色列军队攻入黎巴嫩时，其M60坦克上挂着反应式装甲的画面，起初许多人不知这是做什么用的。

在最后，这在世界坦克发展史上可谓一个异类。

“梅卡瓦”坦克把机动性放在最后，也是因以色列预定战场多在平坦的荒漠地区，没有崎岖山地，认为不需要太强的越野和爬坡能力。

“梅卡瓦”Ⅰ型坦克重56吨，最大时速50公里，除装配105毫米线膛炮外还有60毫米迫击炮和3挺机枪作为辅助武器。车内除4名乘员，炮塔后面还有一个宽大的载员舱可载8名步兵，或者充当弹药舱。

国际上一些评论称：“‘梅卡瓦’是世界上最重视生存力的坦克。”一般主战坦克的装甲占全车重量的50%，“梅卡瓦”Ⅰ型坦克的装甲却占全车重量的65%。它采用双层装甲构成车体和炮塔，双层甲板之间又用工具箱、燃料箱等构成了独特的防护层，炮塔正面更有多达3层的装甲。

过去各型坦克都是发动机后置，乘员坐在车体前部，“梅卡瓦”Ⅰ型坦克却将发动机放在车体前部，人员后置，即使对方将坦克打穿，也能保护乘员。一些人认为，以色列国小人少，打仗时把保护军人的生命放在首位，才有了这种设计。

“梅卡瓦”Ⅰ型坦克定型后，又根据坦克发展大潮不断改型，1987年推出的“梅卡瓦”Ⅲ型坦克装配北约国家通用的120毫米炮，炮塔呈碟状而增强防弹功能。该型车重达65吨，成为当时世界上最重的主战坦克，此后的“梅卡瓦”Ⅳ型坦克重达69吨。

以色列对坦克的独特设计，被实战证明有利有弊，让坦克、步兵作战和运输多功能合一必然导致车体过大、过重，机动性也差，驾驶员位置靠后也影响了观察。因此，世界其他国家都没有“梅卡瓦”这种发动机前置的坦克设计方案，而且这种坦克也没有别国愿意购买。

第五次中东战争的结果，又是以色列呈现“一边倒”的胜利状态，“梅卡瓦”坦克也初显威力。在以军飞机和坦克的协同打击下，巴勒斯坦解放组织的近300辆苏制坦克（多为苏军淘汰的T-54坦克）不是被摧毁就是在撤退时抛弃。以军损失的60余辆坦克（一说为100辆）主要是旧式坦克，多数又是在进攻贝鲁特等城市时遭步兵武器毁伤。

以色列军队过去多在沙漠地带作战，不大熟悉巷战。一旦进入狭窄的街道，以军坦克就遭到两边隐藏着的巴解武装的火箭筒、无后坐力炮和反坦克导弹攻击。虽说以军坦克有反应式装甲，不过还是有薄弱部位，反应式式装甲也难以挡住连续攻击。但以军也认为，若是没有反应式装甲，坦克的损失还会成倍增长。

看到以色列在旷野上驰骋无敌的坦克在贝鲁特城内进展吃力，国际上认为此时坦克仍同第二次世界大战中一样，面对巷战还是没有办法。不过，若无坦克掩护，步兵巷战伤亡又会大得多。

以军在贝鲁特城内进展虽比较缓慢，但也形成压倒优势。经联合国调停，巴勒斯坦解放组织撤出黎巴嫩。此时能同以军对抗的，只有苏联武装的叙利亚军队。双方在黎巴嫩贝卡谷地进行的4天坦克战是第五次中东战争的亮点，这也是战后第三代坦克之间的首次交锋。

1987年推出的“梅卡瓦”Ⅲ型坦克装配北约国家通用的120毫米炮，炮塔呈碟状。

此时苏联已经将20世纪70年代刚生产的T-72M型坦克提供给叙利亚，该车重41吨，装配125毫米炮，这是当时世界主战坦克中口径最大的炮（此时美国已淘汰装配152毫米口径短身管炮的M60坦克）。陆战的结果是以军占据优势，叙军的防空导弹基地又遭摧毁。

对贝卡谷地坦克战的战果，双方各执一词。以军起初称“梅卡瓦”Ⅰ型坦克打败了T-72M型坦克，击毁9辆而自身无一损失。叙利亚却宣布T-72M型坦克击毁“梅卡瓦”Ⅰ型坦克数辆而自身无一损失。叙利亚阿萨德总统还宣称：1982年的地面战争表明，T-72M型坦克是世界上最强、最好的坦克。

真实战果究竟如何呢？后来以色列总结贝卡谷地战斗时，称其摧毁了81辆叙军坦克，俘获41辆（主要是T-62坦克），自身损失了8辆M-48坦克和2辆“梅卡瓦”Ⅰ型坦克。不过，以军坦克因注重防护人员，贝卡谷地一战只有9名坦克手阵亡、50人受伤。以军还称，“梅卡瓦”Ⅰ型坦克被击穿的概率和坦克乘员的伤亡概率比其他坦克小得多。

至于叙利亚T-72M型坦克的损失数，尽管说法不一，但当时各国军队还是感到其威力可观。一辆T-72M型坦克

苏制T-72M主战坦克的剖面图，它装备叙利亚军队后，在1982年黎巴嫩战场首次参战。

苏制T-72主战坦克的画面，在20世纪80年代它有一种神秘的面纱，被许多人认为是战后第三代坦克中的优秀代表。

损毁丢弃在双方阵地之间，以色列想将其拖回研究，苏联则要求叙军无论如何不能让以军和西方得知其秘密，于是又经过一番交锋，叙军将该车拖回。直至1990年东德被西德吞并，以色列才得到T-72主战坦克实物。经过第二年的海湾战争，以色列才相信T-72主战坦克不足为惧。

当中东这个世界“火药桶”不断引发战事时，同为伊斯兰国家的“两伊”即伊拉克、伊朗之间也发生了一场第二次世界大战后少有的持久战，坦克在地面战中又充当主角。

1980年9月，统治伊拉克的萨达姆见伊朗刚经历伊斯兰革命元气大伤，尤其是清洗了许多军官，便主动出击。此时伊拉克作为石油富国，从苏联买到3000多辆坦克，多数是T-55坦克和T-62坦克。伊朗有2000余辆坦克，主力是900辆从英国买到的“酋长”式坦克，其他主要是美国的M60A1坦克和M48坦克，同西方国家闹翻使其缺少零配件供应。

伊拉克军队起初志得意满，却因士气不高和组织不力，攻势很快停顿。而伊朗整顿了军队，通过一些中间商搞到了美英武器零配件并买到一些新装备，不久转入了反攻。

美国和英国对中间商向伊朗提供自己的武器和零配件一事其实心知肚明，后来美国国会还揭露出这一秘密交易的“伊朗门”事件。美国的目的是让伊朗牵制伊拉克，让其两败俱伤。

两伊战争被许多军事评论家称为“外行的战争”，或称为“用现代武器打的落后战争”。双方坦克都在前沿以炮击掩护步兵，没有实行大纵深突破。战争初期，伊朗的英制“酋长”式坦克性能明显占优势，该车在世界上最早装备的120毫米炮比T-55坦克的100毫米炮和T-62坦克的115毫米炮都要强，加上火控系统也先进，“酋长”式坦克以很少代价就击毁对方大量坦克。

伊朗装备的美制F-14战斗机，在空战中也压倒了伊拉克的米格-21和歼-7，不过，伊拉克装备的苏制米-24武装直升机也成为打击对手的“空中坦克杀手”。

1982年伊拉克军队败退回原来的国境线，提出想停战，伊朗却要求其赔偿1500亿美元。在害怕伊斯兰革命的海湾国家财政支持下，伊拉克从中国买到认为是“物美价廉”的1000多辆69-2式坦克（装配105毫米炮）。鉴于己方坦克的火力不如对手，1985年以后，伊拉克又从苏联进口大量T-72主战坦克并充当了装甲部队主力。伊朗虽然从中间国采购武器，毕竟数量不如对手，又伤亡了100万人（其中死亡30万人），于是在1988年同意停战。伊拉克因萨达姆发动的这场不义之战也伤亡了40万人（其中死亡约15万人），并损失了2000余辆坦克，还欠下600亿美元外债，最后一无所获。

值得萨达姆炫耀的是，通过两伊战争，他自称伊拉克已成为坦克数量仅次于苏联、美国和中国的“世界第四坦克大国”。萨达姆就此野心膨胀，接着进攻科威特挑起海湾战争，结果又在“二战”后规模最大的坦克战中几乎遭受了灭顶之灾。

图中所绘英国出售给伊朗的“酋长”式坦克，在两伊战争中是伊朗军队装甲兵的主力。

第捌章

进入信息化时代的坦克

1991年的海湾战争，被世界军界定义为信息化战争的开端。美军在坦克数量比伊拉克还少的情况下，以7辆坦克全毁的代价摧毁了伊军3800辆坦克。这种让许多人瞠目的“一边倒”胜利，除坦克炮和装甲有差距外，关键是美国先进的传感器技术使其在交战中获得了全面的信息优势——热成像仪使己方坦克普遍做到先敌开火，红外设备又可以发现埋在沙子下的伊军坦克。在强调速度和火力的机械化战争的基础上，信息化战争加入了先敌发现、先敌开火，而且在敌方来不及还手时就做到“发现即摧毁”，坦克的发展和交战也进入一个全新时代。

海湾战争的悬殊战果宣告了美国坦克的超强地位

海湾战争的前奏，是萨达姆统治的伊拉克突然侵占科威特这个主权国家。此前伊拉克军队已拥有100万人，坦克近5600辆（近半数是T-72M坦克）。野心膨胀的萨达姆见进攻伊朗没有结果，又把侵略矛头指向石油富国科威特。1990年8月2日，伊拉克发动“闪电”式的突然袭击，出动10万军队和2000辆坦克在一天内占领了科威特全境。

萨达姆的这一侵略行为，引发联合国的制裁和世界舆论的谴责，美国为维护和扩大其在中东的利益，趁机出兵沙特阿拉伯，并以5个月时间集结兵力，英法等国和部分阿拉伯国家也参与建立了多国部队，其总兵力达69万人（美军占其中的74%）。多国部队的坦克达3700辆，其中美国坦克占2/3以上，1740架作战飞机中绝大部分是美军飞机。

在科威特和伊拉克南部与多国部队对峙的伊拉克军队约54万人，拥有坦克4280辆、装甲输送车2800辆。伊拉克却没有制海权、制空权和太空力量，电子信息能力也极其落后，美国等于是用陆、海、空、天、电的五维力量来打击伊军的地面部队，可称作“五军打一军”。

美军参战的主力战车是1986年定型的M1A1坦克。其重57吨，领先于世界的技术创新是安装了贫铀装甲，其120毫米口径的滑膛炮配备了超速脱壳的贫铀穿甲弹。伊拉克的T-72M坦克、69-2坦克和T-55坦克在穿甲、防护和夜间观测能力方面都要差很多，从下面的表中就可看出。

美军M1A1坦克（左）和装甲步兵战车进入伊拉克边境的画面。

描绘美军坦克选择夜间攻击，击毁伊军T-72M坦克的画面。

美军在海湾战争中也投入了一部分的M60A1坦克，披挂了反应式装甲仍能有效击毁伊军坦克，这是该型车参加攻击的照片。

T-72M坦克与M1A1坦克的性能对比

	最大公路时速	正面防护能力	火炮最大穿深	最大夜视距离
T-72M	65公里	400毫米	500毫米	800米
M1A1	70公里	700毫米	560毫米	3000米

从上表中可以看出，伊军最好的T-72M坦克的火炮最大穿深也打不透M1A1，而自己的正面防护却挡不住对手的穿甲弹。双方的夜视器材差距更大，美军坦克在晚间发现伊军坦克时，对手还完全看不到自己。美军坦克愿意选择在夜间进攻，如同瞎子一般的伊军坦克只有挨打。

英国此时的主战坦克是在外销伊朗的“酋长”式坦克的基础上发展研制的“挑战者”Ⅰ型坦克，有100多辆在海湾投入了实战，其全重62吨。因英国是少有的不愿在坦克上采用滑膛炮的国家，因此该车仍装配120毫米口径线膛炮却有新的穿甲弹。此时“挑战者”Ⅰ型坦克又加装了反应式装甲块，原有的钢制侧裙板也被反应式装甲块取代，同两伊战争时“酋长”式坦克同T-72M坦克旗鼓相当的情况相比，此时“挑战者”Ⅰ型坦克已占了很大优势。

1991年1月17日，以美国为首的多国部队开始轰炸伊拉克，海湾战争正式爆发。战争的前38天美军没有发动地面进攻，而是平均每天出动2000~3000架次飞机对伊军前沿和纵深目标实施精确轰炸，这体现了高技术战争的一个特点——地面问题先由空中解决。

美军空袭时还实施了电子战，强电磁干扰使伊拉克的雷达和通信系统陷入瘫痪，指挥中断后部队真是“如聋似瞎”。指挥笨拙的萨达姆除了以少量“飞毛腿”近程地对地导弹还击外，让部队采取消极防御，把坦克藏于地下，还放置假模型，以便躲避空袭。

伊拉克军队在从科威特后撤时遭受空中打击损失惨重的照片。从这些被击毁的T-55坦克的图像可看出中弹前舱盖已掀开，说明乘员已逃。

把坦克放入沙坑用篷布遮盖的老式伪装，在高技术条件下却难逃侦察。白天坦克金属车体吸收的大量热能，会在夜间降温后释放，美军飞机上的夜成像感应装置能将其测出从而发现目标，随之便会以机载导弹攻击。

从1月17日至2月23日的38天轰炸期间，以美机为主的多国部队飞机出动近10万架次，投弹9万吨，发射288枚战斧巡航导弹和35枚空射巡航导弹。据战后统计，伊军前沿4000多辆坦克中的一半在此期间被摧毁，其余坦克的乘员也吓得失魂落魄只想赶快逃命。

2月24~28日，美军对撤出科威特向国内奔逃的伊拉克军队展开了4天地面进攻。这为时100小时的作战，完全成了空、地协同的追杀。此时萨达姆下达的撤退命令，前线伊军只能从收音机的广播中听到，在几乎无组织的情况下形成各自逃生的场面。

伊拉克军人根据过去的经验，认为白天空袭威胁大，选择了夜间开车撤逃，殊不知美军的飞机、坦克都装配了发达的夜视仪，在黑暗中反而具有更大的优势。

据后来参加追击的美军坦克部队成员称，他们用夜视仪往往在2000~3000米的距离就能发现奔驰的伊拉克坦克。按过去的作战条令应是“逼近开火”，但此时得到的命令却是“后退瞄准开火”，即在对手看不到、打不着的地方射击。伊拉克坦克群遭到对方坦克炮攻击时，还不知炮弹来自何方，有人想对着美军坦克炮口发射时的火光还击，也因距离太远而打不准。何况那么远的距离，即使命中也打不穿对方的装甲。2月28日夜间双方在巴士拉以南发生了最大一次坦克战，300辆美军坦克以零损失的代价，击毁了伊军坦克200辆。

伊军部分坦克在白天奔逃，更成了多国部队坦克以及美国A-10攻击机和武装直升机的靶子，伊军坦克乘员索性弃车步行逃命。战后中国军事观察员曾到海湾战场察看，发现被美国飞机、坦克击毁的大量伊方坦克在中弹前就已敞开车盖，说明是在乘员逃走后才遭受攻击。

美军M1A1坦克攻入科威特时的画面，画中一辆苏制T-72M坦克正在起火燃烧。

此次海湾战争以坦克战收场，实际上却是空中打击决定了一切。伊拉克部署在南部前线的坦克有90%被摧毁（所余者多是开战前已开回纵深，兵员死伤10万人，其中死亡近3万人），8.6万人投降被俘。美军阵亡仅148人，另有458人负伤，战损35辆坦克多是触雷和本阵营误伤造成的，其中不可修复报废的只有7辆。其他多国部队阵亡192人，受伤318人。

如此悬殊的损失对比，让当时的世界军界为之震惊！历史上只有19世纪非洲土著武装同近代化英军作战，才出现过这样的双方伤亡比例。当时的长矛同步机枪有着“代差”，而海湾战争中显示出美国的信息化同伊拉克单纯的机械化也出现了“代差”。

海湾战争是对美军全面军事改革成果的大检验，展示了“先空中、后地面”的全新作战方式。美军和英军的坦克性能确实优于伊军，美方竟声称发现有一颗M1A1坦克发射

表现海湾战争中美军坦克由A-10攻击机掩护攻击的画作。

的穿甲弹贯穿了T-72M坦克炮塔，接着还击穿了旁边一辆T-72M坦克！不过，国际上一些人认为，T-72M坦克并非像西方媒体在战后所说的那样不堪一击。苏联向非特别亲近的盟国出口武器，一般是只给“猴版”即简化型，炮弹也不属最先进的，装甲还要差一些，显然不能和本国自用型相比。当然，T-72M坦克和苏联其他坦克已落后于M1A1坦克和“挑战者”Ⅰ型坦克，这也是不争的事实。

美军进行坦克战的最大优势不是火炮和装甲，而是电子信息水平，特别表现为集成电路等半导体元件的性能。美军的先进传感技术——红外设备、雷达性能的提高，使坦克拥有最先进的火控系统，包括以车载计算机测定弹道。西方半导体工业在20世纪70年代后的高速发展，为美军先进军用传感器技术奠定了工业基础。苏联半导体工业发展缓慢，这使得苏式第三代坦克同西方国家的坦克出现了明显的性能差距。尽管其装有口径超过西方国家坦克120毫米炮的125毫米炮，也有复合装甲，但这一“战力肥皂泡”在实战中一戳便穿。

通过海湾战争，第二次世界大战以来形成的传统战争观念遭到了强烈撼动，高科技战争中电磁优势成为新制高点，许多人由此而感慨，在高技术战争中，硅片落后比钢铁落后更要命！

海湾战争产生的另一个政治结果是苏联的大国威信扫地。苏联在此次战争中几乎无所作为，其武器落后于西方也让庞大的苏军对国家的自信丧失。海湾战争的结局，可以说也是几个月后推动苏联走向瓦解的因素之一。

伊拉克战争宣告了坦克全球联网完成信息化

1991年苏联解体，冷战形成的“两极格局”结束，美军坦克在海湾战争中的战果也让其风光一时。为了炫耀M1A1坦克的威力，美国军火商竟然做了这样的广告：“它的坦

描绘美军M1A1坦克在直升机的掩护下发起空地一体攻击的画面。

美军以M1A2坦克掩护步兵推进的画面，在伊拉克境内作战时该型车已难遇坦克对手。

克炮威力世界第一，什么坦克的装甲都能打穿！”此后，对其进行宣扬的另一个广告又这样写：“它的防护能力全球超强，什么坦克炮也打不穿！”

这岂不是重复了中国古代寓言故事“自相矛盾”吗？“矛”与“盾”的攻击力和防护力都是相对的，世界上不会有打不穿的装甲，也不会有什么装甲都能打穿的坦克炮。只要有坦克存在，“甲”与“弹”的竞赛就还会继续下去。

冷战结束之初，美国成了世界上的“一超独霸”，在世界上到处插手，其军火销售也打破了过去与苏联大致相当的局面。苏制武器一时声誉大跌，俄罗斯所继承的几万辆坦克想以低价处理都难找买主。欧洲国家感到没有战争威胁，尤其是难以再打地面大战，新型坦克的研制基本停顿，现役坦克大幅削减，国际军贸市场上的坦克销售额一度跌落了九成以上。

国际形势的演变很快证明，局部战争和地区性冲突并没有随着冷战结束而消失，坦克仍然有重大作用。2001年10月，美国为报复“基地”组织发动的“9 · 11”恐怖袭击，以美英两军为主组成联军对阿富汗“基地”组织和塔利班发起进攻，这也标志着世界反恐战争的开始。由于阿富汗属山地之国，又无铁路和出海口，运输和使用坦克困难，因此美国和英国主要是派出特种部队参战，不过，作战实践证明轻装甲部队对山区作战仍能发挥重大作用。

2003年3月20日，美国绕开联合国安理会，以伊拉克拥有“大规模杀伤性武器”这

表现2003年伊拉克战争时美国挂上反应式装甲的M1A2坦克向伊境内冲击的画作。

图为以美国为首的反恐联军在阿富汗作战，因重型坦克不适合山区地形，轻型装甲车辆成为地面战的主力。

一“莫须有”的罪名，纠集英国、澳大利亚和波兰组成四国联合部队，于2003年3月20日对伊拉克发起进攻。此次美国投入兵力19万人，英国投入兵力4.5万人，澳大利亚、波兰两国只派出象征性部队。此次进攻时美军投入1000多辆坦克，其中以M1A2坦克为主力。

M1A2坦克是海湾战争中的“陆战明星”M1A1坦克的第二阶段改进品，1993年开始装备部队，仍装配120毫米身管44倍于口径的滑膛炮，时速可达72公里，因有新的装甲和电子设备使车重增加到65吨。该车首次安装了车长独立热像仪，是其技术进步的重要特征之一，这大大提高了坦克在能见度很低情况下与敌交战的能力。

国际军界尤其注目的是，M1A2坦克增配了先进的车际信息系统和战场管理系统（BMS），能自动地提供双方部队位置、后勤信息、目标数据以及下达命令等。它还配备了自主导航系统，通过GPS卫星定位系统能快速准确标定本身所在方位。这些设备使各车都能做到全球联网、信息共享，美国军方声称在五角大楼内就能直接指挥每辆坦克，这也是进入信息化时代坦克作战的重要特点。

信息技术的核心要素是发现目标快、传输命令快和精确打击快。美军依靠卫星、预警机和无人机侦察传输信息，其坦克能在最短时间内发现地面上的对手，又可做到“发现即摧毁”。

英国参加伊拉克战争的坦克靠美国提供信息支援，主力是1991年研制定型的“挑战者”Ⅱ型坦克，炮塔在Ⅰ型的基础上做了改进，主要增强了防弹能力。该车还使用身管长55倍于口径的120毫米线膛炮，却有更好的火控系统，不过，其重量也升到65吨。在伊拉克的荒漠和开阔的公路上，“挑战者”Ⅱ型坦克的机动性也不算差。

此刻伊拉克军队只有海湾战争后残剩的1000多辆T-72M坦克、69-2坦克和T-55坦克，因遭受国际制裁和军品禁运，零配件供应都难以保障，大都停在军营中。面对美英军进攻，在上次战争中被打得心有余悸的伊军不敢在野外迎战，而是在城镇内四处躲藏。萨达姆视为最精锐部队的共和国卫队的7个师中，只有麦迪那师敢于出战，其坦克刚一露头就被美国的卫星、无人机捕捉到行踪，接着遭到猛烈的空中打击，待美军坦克赶到时只

表现2003年伊拉克战争时英军加装附加装甲的“挑战者”Ⅱ型主战坦克进攻的油画。

看到燃烧的车辆，这场战争中几乎没有出现过坦克部队之间的交战。

美军坦克部队未受到多少抵抗便长驱直入，3个星期后即占领巴格达和其他主要城市。萨达姆转入地下隐蔽，其政府和军队形成“树倒猢狲散”的状态。不过，有些伊军和反美情绪强烈的阿拉伯人以零星方式袭击了美军，这反而比正规战更难对付。如在纳西里耶城内，伊拉克的坦克分散在街道和居民区的车库内，开火后就拐进小巷，以此同美军打起了“坦克游击战”。

习惯在旷野中寻歼对方坦克的美军，此时遇到利用民房“捉迷藏”的对方坦克和步兵，马上就有10名士兵死亡，另有12人失踪，几辆坦克中雷损坏，还不知道怎么对付。此前美国军政首脑为避免国际谴责，要求尽量不要轰炸平民区，前沿指挥官就叫喊：“我们老挨黑枪可就是找不到敌人！不轰炸平民区怎么能行？”于是美军调来武装直升机且使用精确制导武器，并不惜攻击有藏匿敌军嫌疑的平民区，总算粉碎了此地伊军的抵抗。

2003年4月15日，美国宣布联军“已控制了伊拉克全境”。在25天进攻中，美军死亡262人（其中139人阵亡，123人死于事故），英军死亡33人。从小布什总统到前线美军指挥官都没有料到的是，伊拉克战争其实并没有终结，反美武装的游击活动又广泛展开，美军又陷入了一个近似越南战争的泥潭。

美国的主战坦克在伊拉克境内担负起抓捕武装嫌疑分子等任务的画面，这实在是大材小用。

美军的M1系列坦克有自身的优势，也有自身的弱点，面对游击性武器五花八门的反坦克武器攻击，它们也常被摧毁，这是该车在伊拉克被反美武器炸毁的照片。

被伊拉克反美武器炸毁的美军M1A2坦克，事实证明其并非坚不可摧。

面对非正规武装的袭击，美军坦克的劲敌就是路边炸弹，以及走私入境的反坦克导弹和传统的火箭筒。经常传来的M1A2坦克被炸坏的消息和照片，说明它还是有薄弱部位，并非美军所宣传的那么坚不可摧。更令美国人沮丧的是，遭受袭击的坦克还难以找到还击目标。

伊拉克战争的困境，引发了美国多数人对小布什政府的不满。2009年1月奥巴马总统上台后宣布从伊拉克撤军，把各派武装割据无法收拾的烂摊子交给新建的该国政府。

2010年8月美国战斗部队撤出伊拉克，翌年12月又撤出了其余军队。8年时间，美军在伊拉克死亡达9500人（其中约一半阵亡，一半事故死亡），远远高于海湾战争的损失。美国军政首脑又回想起越南战争中已总结出的教训，那就是，再好的飞机、坦克，在“游击战”面前都难有用武之地。

进入21世纪后，坦克的发展要向何处去？西方国家对此产生困惑，不过，像俄罗斯、中国、韩国这些一向注重陆战的国家以及想重温军事大国梦的日本仍然在发展坦克。在世界上的一些主要热点地区如中东、中亚、南亚次大陆、朝鲜半岛，坦克仍是各国陆军须臾不可少的装备。

信息化时代的坦克向何处去

研制什么武器，都有“用来干什么”和“怎么用”的问题，坦克也一样。

苏联解体后，西欧国家感到过去强大的敌人已消失，若用于维和则不需要多少坦克，于是各国的订单就此暴跌。产量少意味着单价提升，这让并不急需这种“钢铁巨兽”的西欧各国军方更不愿订购了，坦克遇到问世以来最强烈的“寒潮”。

法国坦克自第二次世界大战后一直在国际上不被看好，其军方和厂家在复合装甲出现后改变了只研制较轻便坦克的思路，用十几年时间才在1990年定型了“勒克莱尔”主战坦克并达到了国际先进水平。可惜它生不逢时，刚服役就遇到冷战结束，法国军队最多只订购300辆，合单价达700多万美元，其只好艰难地寻求外销之路。德国的“豹”2A6式坦克性能一度在西方评比中超过美国的M1A1坦克，但本国采购量却极少，使单价达800万美元，幸好靠着它很好的国际声誉能以有限的外销维持生产。

苏联瓦解后，乌克兰哈尔科夫坦克厂内封存着400多辆被遗弃的坦克，这些坦克因多年无人维护，许多车边已长出野草。

表现美军以绝对制空权保障了迅速控制伊拉克的画作。

1999年英国的“挑战者”Ⅱ型坦克在科索沃备战的画面，它成为英国最后生产的一款坦克。

英国的“挑战者”Ⅱ型坦克在20世纪90年代世界坦克性能排名时还列入前5位，在2003年进攻伊拉克时表现也不错，但本国军方只肯订购200辆，导致单价高达近900万美元。加上它独特的有线膛炮不被别国看好，虽换上德国“豹”2A6式坦克所用的发动机和传动系统以及最新式的火控系统，仍然找不到买主。英国政府对没有订单的坦克厂无法拨钱维持，于2009年5月宣布关闭生产线，如需要少量坦克就外购，世界上的坦克发明国就此同坦克制造业告别。

图为进入21世纪后日本研制的10式坦克，这是西方国家少见的新型坦克。

德国制造的“豹”2A6式坦克的剖面图，它依仗制造技术精湛，进入21世纪后在国际上还有一定销量。

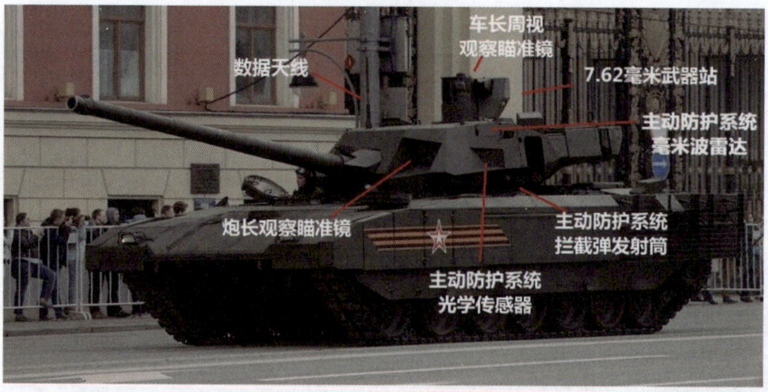

2015年莫斯科胜利70周年红场阅兵时首次亮相的俄罗斯T-14“阿玛塔”坦克。

美国因有全球超强地位，所产的M1A2坦克单价虽高达950万美元，但少数国家出于需要寻求其保护的政治需要还是愿意订购的，如世界上最大的石油王国沙特阿拉伯就是如此。少量的坦克订单和出于未来战争的考虑，使美国的坦克生产线还保持着有限生产，却在20多年间没有推出新型坦克。

回顾从第一次世界大战后期直至20世纪90年代初冷战结束，坦克作为“陆战之王”，在国际上成为继飞机之后的金额第二大军售产品。20世纪80年代末即冷战结束前，以苏联为首的华沙条约国家装备有7万辆坦克（苏联装备5万多辆），以美国为首的北约国家共有4万辆坦克（美国装备1万多辆），中国也有1万辆左右的坦克，此时全球坦克在役数为16万辆。

冷战结束后，考虑到难以发生大规模陆战，各大国家都裁减坦克数量。2004年世界坦克在役数降到10万辆，2016年又降到6.5万辆。根据世界上号称“军事权威评论部门”的英国伦敦国际战略研究所2016年公布的数字，世界各主要坦克拥有国现役的坦克数字如下：

中国	朝鲜	印度	俄罗斯	韩国
6540辆	3500辆 （多陈旧不堪）	2974辆	2700辆 （有库存1.8万辆）	2579辆
美国	巴基斯坦	埃及	伊朗	乌克兰
2560辆 （有库存约3000辆）	2500辆	2497辆	1663辆	1110辆 （有库存2000辆）
以色列	德国	法国	英国	
480辆 （有库存3000辆）	322辆	254辆	227辆	

俄罗斯的坦克数量减少最多，结束了自1932年起苏联坦克拥有的数量就居世界第一并保持了近80年的局面。2008年俄罗斯还装备了2.3万辆坦克，基本都是从苏联继承而来的。2010年以后俄罗斯大刀阔斧地精简装甲兵数量，将绝大部分已显落后的坦克封存备用，保留下的2700辆坦克中有350辆是苏联瓦解后俄罗斯新产的T-90A型，其余大部分是升级改造过的苏联原产的T-72M型。2015年5月9日莫斯科红场阅兵时，俄罗斯推出了一种T-14“阿玛塔”坦克，据称是第二次世界大战后的第一种第四代坦克。它的许多数据没有公开，俄方称其有独特的防护系统，首机采用了无人炮塔（3名乘员都在车体前部），仍装配125毫米口径炮，外部估计其重量为48吨。据称，T-14“阿玛塔”坦克是由T-90坦克发展而来的，不过从外形看与传统的苏式坦克已完全不一样，是一种具有全新概念的战车。但是俄军因装备费不足每年只能订购70~80辆。

现在国际上仍有一些冲突热点，局部性的地面战仍有发生的可能，同邻国有纠纷的国家特别是一些发展中国家对新坦克还存在有限的需求。目前国际上除了中国和俄罗斯仍在开发新型坦克以外，韩国、日本也在研制主战坦克。由于国际上“和平与发展”已成主旋律，因此还在研制新型坦克的国家近些年来放慢了步伐，侧重以新技术改进现有型号坦克。

法军在20世纪90年代初期定型列装的“勒克莱尔”式坦克的画面，这是法国推出的第一种达到国际先进水平的主战坦克，可是因冷战结束销量很少。

俄罗斯T-14“阿玛塔”坦克的侧视剖面图，其特点是3名乘员都坐车体内，炮塔中无人。

2016年波兰展出的编号为PL-01“安德斯”的新概念坦克试验车，显示了隐形、全电动的未来发展趋势。

现代坦克有越来越多的高科技含量，世界上真正能独立研制坦克的国家不过10多个（还有一些名义上能生产坦克的国家其实是靠改装、组装），绝大多数国家装备坦克都要靠购买。不过，冷战结束后的20多年来国际上坦克贸易额锐减，主要原因是冷战期间积存了太多坦克而未能处理。预计在2020年之后，冷战期间所生产的坦克都会超过30年车龄，那时就是坦克已经老化需要更换的时候，新一代坦克的生产又会迎来一个相对兴旺期。

俄罗斯、乌克兰和中国坦克在国际军贸市场上单价一直较低，直至近几年的新型号都在400万美元以下，而且改变了只重作战而不重舒适的苏式坦克“人—机”功能不佳的状态。过去乘坐苏式坦克感觉如同进了蒸笼，坦克手非常难受，导致坚持作战的时间有限。现在的俄罗斯、中国坦克已很注重“人—机”功能，电子信息水平也有很大提高，下一步在国际军贸市场上很可能比西方国家坦克占有性价比更高的优势。

开发成功的新型坦克，关键是正确判断下一步要面对的军事斗争任务。进入21世纪后，地区性冲突并未减少，各大国反恐和对付骚乱的任务又更多了，在这些冲突中，主战坦克往往并不适用，如美军占领伊拉克后使用M1A2这种最先进、坚固的坦克就如同用“高射炮打蚊子”。何况M1A2最新的SEP型重63吨，德国的“豹”2A7式重67.5吨，以色列的“梅卡瓦”Ⅳ型重69吨，运输和迅速机动部署都不方便。美军在伊拉克和阿富汗作战中投入的轻便部队，大量使用了步兵战车和有轻装甲的机动车，又容易被地方武装的火箭筒、大口径机枪和地雷击毁。在这种情况下，美军感到应开发一种“适中”的坦克，许多国家也有此要求。

2015年，美国在国际军展上推出了一种“格里芬”轻型坦克的试验平台。据称，其重量在30吨左右，装配1门105毫米炮。美国在20世纪90年代搁置研发的M-8空降轻型坦克也重新启动，同样装配105毫米炮，重量会更轻一些。此外，波兰也推出了一种PL-01轻型坦克的概念车，瑞典则在2016年6月的欧洲防务展上亮相了其研制的CV-120轻型坦克的初型。这些车辆的重量都在30吨上下，适合空运和机动。2016年11月，在珠海航展上，中国展出了一种已研制完成的重35吨左右的VT-5轻型坦克，人称是世界上第一种“微型主战坦克”，就此在国际上新的坦克发展潮流中占了先机。

从当今坦克发展的趋势中可以看出，国际上军事强国重视研制轻型坦克，而且不像过去的轻型坦克那样只是用于浮游和通过特殊地带，而是将其作为应付多种任务的主战装备。

现代坦克的一个新特点是不像过去那样依靠单车独立作战，而要成为一个网络系统中的战斗单元，其电子信息化能力又非常重要。坦克加装卫星导航系统后，可通过联网接受外部传输的信息，使其对战场的了解透明化，还要拥有夜视、导航、战术指挥、车辆状态的显示功能等。现代战争的信息化，使坦克的战斗力在很大程度上要由信息获知水平决定，具体来说，那便是做到“敌未见我便被我击中”。在海湾战争、伊拉克战争中，美军坦克在伊军坦克看不见自己时就能将其击毁，便是由卫星—无人机侦测系统保障，这说明了现代战斗车辆应是网络化系统中的一个平台。

图为2016年出口到伊拉克的中国新型VT-4坦克，被誉为达到国际先进水平，但价格却较低。

战争的发展，总是武器发展的推手。自1916年坦克问世起，这一“钢铁巨兽”已经驰骋于陆地战场100多年，自第二次世界大战起又有了“陆战之王”的称号。它是机械化时代的产物，在进入信息化时代后对军队而言仍不可缺少。

坦克作为高科技的结晶，在世界上的科技快速发展、日新月异的基础上，这种钢铁战车也会有新的发展变化。根据各自预想的未来战争的需求，一些军事大国对未来的坦克将如何发展已有了新计划，例如美国提出的新概念坦克，就要具备电磁炮、电化学炮、电磁装甲，将来的坦克是什么模样我们现在不一定能准确描绘。

美国对坦克还提出了新的称谓，叫“未来作战系统”。

英国称未来的装甲主战车为“直射装备”。

德国称其为“新型装甲平台”。

不论下一步坦克会如何发展，有一点可以断定，至少在今后可见的几十年内，这种钢铁战车还会在世界舞台上扮演重要角色。

任何事物的发展都有连续性，子体都要脱胎于母体，看看坦克过去的发展历程，关心国防的人就能预想它的未来，军事迷们也能长久追逐这一“陆战之王”的身影。

图书在版编目（CIP）数据

画说坦克战/徐焰著. —广州：广东经济出版社，2018.5
（2022.4重印）
ISBN 978-7-5454-6110-7

Ⅰ.①画… Ⅱ.①徐… Ⅲ.①坦克—青少年读物
Ⅳ.①E923.1-49

中国版本图书馆CIP数据核字（2018）第031736号

责任编辑：毛一飞
责任技编：陆俊帆

画说坦克战
Huashuo Tankezhan

出版人	李　鹏
出　版 发　行	广东经济出版社（广州市环市东路水荫路11号11～12楼）
经　销	全国新华书店
印　刷	广东鹏腾宇文化创新有限公司（珠海市高新区科技九路88号七号厂房）
开　本	787mm×1092mm　1/16
印　张	11.5
字　数	231千字
版　次	2018年5月第1版
印　次	2022年4月第2次
书　号	ISBN 978-7-5454-6110-7
定　价	48.00元

图书营销中心地址：广州市环市东路水荫路11号11楼
电话：（020）87393830　邮政编码：510075
如发现印装质量问题，影响阅读，请与本社联系
广东经济出版社常年法律顾问：胡志海律师